土木工程科技发展与创新研究前沿丛

轻质混凝土保温砌模-生土
复合砌块墙体设计理论与试验研究

夏多田　程建军　何明胜　编著

武汉理工大学出版社

·武 汉·

内 容 简 介

本书基于新疆地区地理、环境、气候特点,结合地域资源和经济条件,以构成复合墙体的外模砌块和灌芯材料的制备研究为基础,从材料、构件两个层面,详细、系统地阐述了组成复合墙体结构的材料制备方法、复合砌块砌体基本力学性能、复合砌块墙体承压和抗震性能等系列试验和理论分析研究的新成果。

本书可供从事新型村镇低层建筑结构设计和施工管理的技术人员参考,也可用作高等学校土木工程专业的教学参考书和新型砌体结构方向研究生的阅读书籍。

图书在版编目(CIP)数据

轻质混凝土保温砌模-生土复合砌块墙体设计理论与试验研究/夏多田,程建军,何明胜编著. —武汉:武汉理工大学出版社,2023.2

ISBN 978-7-5629-6732-3

I.①轻⋯ II.①夏⋯ ②程⋯ ③何⋯ III.①轻质混凝土-保温砌块-研究 IV.①TU227

中国国家版本馆 CIP 数据核字(2023)第 038875 号

Qingzhi Hunningtu Baowen Qimo-Shengtu Fuhe Qikuai Qiangti Sheji Lilun yu Shiyan Yanjiu

轻质混凝土保温砌模-生土复合砌块墙体设计理论与试验研究

项目负责人:王利永		责任编辑:张　晨	
责任校对:张莉娟		版面设计:正风图文	
出 版 发 行:武汉理工大学出版社			
地　　　址:武汉市洪山区珞狮路 122 号			
邮　　　编:430070			
网　　　址:http://www.wutp.com.cn			
经　　　销:各地新华书店			
印　　　刷:武汉乐生印刷有限公司			
开　　　本:787×1092　1/16			
印　　　张:11.25			
字　　　数:250 千字			
版　　　次:2023 年 2 月第 1 版			
印　　　次:2023 年 2 月第 1 次印刷			
定　　　价:158.00 元			

F 前 言
Foreword

砌体是中低层住宅建筑最常见的材料之一，尤其是在经济不发达地区的西部村镇建筑中使用得较多。传统的以黏土砖为承重墙体的砌体结构，已不符合国家"限黏、禁实"的政策要求以及建筑业结构保温一体化的需求。所以，利用各种工业废料研制而成的实心砖、多孔砖和砌块等新产品成为热点，新块体逐渐取代了以黏土为主要成分的烧结实心砖和多孔砖。

新疆位于我国西北地区，地处高地震烈度寒区。该地区大多数村镇住宅建筑仍沿用传统的建筑结构形式，如生土结构、木结构、砖混结构等。由于生土结构、木结构、砖混结构等结构形式在保温性、耐久性或抗震性等方面存在着一定的不足，不能满足当前节能建筑、绿色建筑的需求，因此，相关科研人员研究出一种不仅节能、环保、造价低廉，而且保温性、耐久性、抗压性、抗震性好的结构形式，对加快新疆村镇建设、改变村镇落后的居住环境具有非常迫切的现实意义。

根据新疆村镇建设的需要，课题组提出了一种新型的墙体结构形式，即轻质混凝土保温砌模-生土复合砌块墙体（简称新型复合墙体结构），该墙体结构是将EPS混合生土保温材料灌注到轻质混凝土空心砌块孔洞内，并在墙体相应位置设置轻质混凝土构造柱与圈梁。该新型复合墙体结构具有轻质、保温、节能、抗震、经济性好等特点，非常适合新疆地区的村镇建筑。

本书以复合砌块墙体结构的外模砌块和内芯材料的配合比研究为基础，系统地开展了复合砌块材料制备、复合砌块砌体基本力学性能、复合砌块墙体承压和抗震性能等系列试验和理论分析研究。

（1）采用正交试验法，以EPS颗粒、水泥的含量和含水率为因素，以重度、抗压强度、导热系数为控制指标，进行了轻质EPS混合生土基本配合比试验。通过对正交试验结果的直观和方差分析，得出影响材料抗压强度和导热系数的主要因素和规律；通过二元线性回归分析，确定出EPS混合土砌块抗压强度与EPS含量及水泥含量之间存在着良好的线性相关关系，所求得的线性回归方程亦是合理且显著的。为解决内模材料和外模砌块之间的裂缝问题，以减水剂、膨胀剂和预压应力为因素，进行了内芯材料配合比与制备工艺的优化研究。最终确定的聚苯乙烯轻质混合土的最优配合比为：以黏土质量为标准（设为1），水泥含量为30%～40%，EPS颗粒含量为1%，含水率为30%～35%，减水剂掺量为2.5%，膨胀剂掺量为4%，材料灌芯施工时，采用17.8 kPa预压力。

（2）以粉煤灰掺量、水泥掺量、聚丙烯掺量以及砂率为因素，以重度、抗压强度、导热系数为控制指标，进行了外模轻质陶粒混凝土的配合比试验，基于直观和方差分析，确定了影响陶粒混凝土性能的主要因素和规律，通过多指标正交分析（即采用综合平衡法）并考虑经济性，确定了该新型陶粒混凝土的最优配合比为聚丙烯纤维 0.9 kg/m³、粉煤灰用量 75 kg/m³、水泥用量 225 kg/m³、陶粒用量 309 kg/m³、陶砂用量 369 kg/m³、总用水量 224 kg/m³。

（3）以砌筑砂浆强度等级、聚苯乙烯轻质混合土强度等级以及外模砌块强度等级为变量，进行了复合砌块砌体抗压、抗剪基本力学性能试验，分析了复合砌块砌体抗压、抗剪的破坏形态和破坏特征。在复合砌块砌体抗压试验研究的基础上，结合国内外关于灌芯混凝土砌块砌体的受压试验资料与研究成果，运用变形协调条件和静力平衡条件，建立了新型复合砌块砌体抗压强度计算公式；以试验为基础，应用霍夫曼强度准则建立了复合砌块砌体抗剪强度的理论计算公式，并将理论计算公式与试验值进行了对比分析。结果表明：应用霍夫曼强度准则推导出的公式计算出的理论值和试验值吻合得较好。

（4）对不带构造柱与带构造柱的13片新型复合砌块墙体试件进行了竖向荷载作用下的抗压性能试验研究。首先分析了高厚比、外模强度、内芯强度以及构造柱对新型复合砌块墙体破坏阶段裂缝发展与分布等破坏形态的影响，探索了构造柱在复合砌块墙体中的作用；其次详细分析了高厚比、外模强度、内芯强度以及构造柱对墙体试件开裂荷载、极限荷载等强度指标的影响，提出了新型复合砌块墙体试件抗压强度的主要影响因素，总结出了各参数对新型复合砌块墙体试件抗压强度的影响规律。在新型复合墙体抗压性能试验研究的基础上，参照《砌体结构设计规范》（GB 50003—2011）中有关砌体抗压承载力计算公式，并结合有关文献中新型复合砌块砌体抗压强度计算公式，建立了新型复合墙体抗压承载力计算公式。将理论计算值与试验值进行比较，结果表明：理论计算值与试验值吻合得较好。

（5）以高宽比、竖向荷载、内芯复合土强度、构造柱等为因素，设计制作了9片复合砌块墙体，基于拟静力试验，从试件的破坏过程和形态、裂缝发展、承载力、变形能力、滞回特征、延性和耗能能力以及刚度退化等方面系统深入地分析了复合砌块墙体的抗震性能，重点对未设置与布置构造柱、圈梁墙体试件的抗震性能进行了比较分析研究。通过对墙体试件低周反复荷载试验数据的理论分析，探索了未设置构造柱普通新型复合砌块墙体和设置构造柱复合砌块墙体两类墙体试件的抗剪机理；根据灌芯砌体受剪机理及破坏形态，参考国内有关灌芯砌体抗剪强度的理论研究成果，最终提出了形式合理、与现行

《砌体结构设计规范》一致的两类复合砌块墙体试件抗剪承载力的理论计算公式,为实际工程设计提供理论依据。

本书的研究工作得到了国家自然科学基金地区基金项目"轻质混凝土-棉杆纤维混合脱硫灰复合砌块墙体结构理论与试验研究"(项目编号:51468057)、石河子大学高层次人才科研项目"保温砌模轻质混凝土-生土复合墙体设计理论与试验研究"(项目编号:ZCZX200938)、石河子大学自然科学一般项目"新型粉煤灰陶粒多孔砖墙体设计理论与试验研究"的资助,特向支持和关心作者研究工作的单位和个人表示衷心的感谢。书中有部分内容参考了有关单位和个人的研究成果,均已在参考文献中列出,在此一并致谢。

由于轻质混凝土空心砌块-生土复合墙体结构由外部砌模、内部轻质保温灌芯材料和连接砌筑砂浆三部分组成,其性能除主要受外部砌块、内芯材料和砂浆自身的性能影响外,还受到三者之间匹配与协同工作性能的影响,同时砌体材料具有显著的非均质性、非线性等属性,导致砌体结构力学性能复杂,研究难度加大,再加上时间仓促,作者研究水平和能力有限,书中不妥之处,恳请广大读者和专家赐教。

作　者
2022 年 8 月

C目录
ontents

1 绪论 …………………………………………………………………… (1)

  1.1 选题背景及研究意义 ………………………………………… (1)

  1.2 国内外研究现状 ……………………………………………… (3)

    1.2.1 聚苯乙烯轻质混合土材料的研究现状 …………………… (3)

    1.2.2 国内外砌块砌体发展与应用现状 ………………………… (4)

    1.2.3 砌块砌体受压性能研究状况 ……………………………… (6)

    1.2.4 灌芯混凝土砌块砌体抗剪性能研究状况 ………………… (7)

    1.2.5 复合砌块墙体抗压性能研究现状 ………………………… (9)

    1.2.6 复合砌块墙体抗震性能研究现状 ………………………… (10)

  1.3 主要研究内容 ………………………………………………… (11)

2 聚苯乙烯轻质混合土配合比研究 ……………………………… (13)

  2.1 概述 …………………………………………………………… (13)

  2.2 试验原材料 …………………………………………………… (13)

    2.2.1 土 ……………………………………………………… (13)

    2.2.2 EPS 颗粒 ……………………………………………… (15)

    2.2.3 水泥 …………………………………………………… (15)

    2.2.4 水 ……………………………………………………… (15)

  2.3 试样制备 ……………………………………………………… (15)

    2.3.1 材料重度、抗压强度试件制作 ………………………… (15)

    2.3.2 材料导热系数试件制作 ………………………………… (16)

  2.4 试验设计 ……………………………………………………… (16)

    2.4.1 试验指标 ……………………………………………… (16)

    2.4.2 配合比设计 …………………………………………… (16)

  2.5 试验结果及分析(重度、抗压强度、导热系数) …………… (18)

    2.5.1 基本物理力学性能试验结果 …………………………… (18)

    2.5.2 导热系数试验结果 ……………………………………… (28)

  2.6 本章小结 ……………………………………………………… (31)

3 外模轻质混凝土材料配合比研究 ……………………………………… （32）

　3.1　概述 ………………………………………………………………… （32）

　3.2　轻质陶粒混凝土配合比设计 ……………………………………… （32）

　　3.2.1　基本原则 ……………………………………………………… （32）

　　3.2.2　技术参数 ……………………………………………………… （32）

　　3.2.3　轻质陶粒混凝土立方体抗压强度试验及分析 ……………… （33）

　　3.2.4　结论 …………………………………………………………… （39）

　3.3　外模砌块配合比设计过程及结果 ………………………………… （39）

　　3.3.1　配合比设计 …………………………………………………… （39）

　　3.3.2　外模空心砌块基本力学性能试验研究 ……………………… （42）

　3.4　本章小结 …………………………………………………………… （46）

4 复合砌体受压性能试验研究 ………………………………………… （47）

　4.1　概述 ………………………………………………………………… （47）

　4.2　空心砌块抗压强度的测定 ………………………………………… （47）

　　4.2.1　试件的制作 …………………………………………………… （47）

　　4.2.2　破坏特征 ……………………………………………………… （47）

　　4.2.3　试验结果 ……………………………………………………… （48）

　4.3　复合砌块抗压强度的测定 ………………………………………… （48）

　　4.3.1　试件的制作 …………………………………………………… （48）

　　4.3.2　试验结果 ……………………………………………………… （49）

　4.4　复合砌体设计及制作 ……………………………………………… （49）

　4.5　复合砌体受压性能 ………………………………………………… （50）

　　4.5.1　试验加载方案 ………………………………………………… （50）

　　4.5.2　试件破坏特征 ………………………………………………… （51）

　　4.5.3　试验结果及分析 ……………………………………………… （52）

　　4.5.4　抗压强度建议计算公式 ……………………………………… （54）

　4.6　本章小结 …………………………………………………………… （55）

5 复合砌块小砌体抗剪性能研究 ……………………………………… （57）

　5.1　概述 ………………………………………………………………… （57）

　5.2　小砌体抗剪性能试验 ……………………………………………… （57）

　　5.2.1　砂浆试件抗压试验 …………………………………………… （57）

　　5.2.2　小砌体抗剪试验概况 ………………………………………… （59）

　　5.2.3　试件设计与方法 ……………………………………………… （61）

　　5.2.4　抗剪试验结果分析 …………………………………………… （63）

　　5.2.5　小结 …………………………………………………………… （67）

5.3 复合砌块小砌体抗剪强度计算方法研究 ……………………………… (67)
  5.3.1 复合砌块小砌体抗剪强度理论方法 …………………………… (67)
  5.3.2 复合砌块小砌体抗剪强度理论公式 …………………………… (68)
  5.3.3 复合砌块小砌体抗剪强度理论计算公式 ……………………… (73)
5.4 本章小结 ……………………………………………………………… (74)

6 新型复合墙体抗压性能试验研究 ……………………………………… (75)
6.1 概述 …………………………………………………………………… (75)
6.2 试验概况 ……………………………………………………………… (75)
  6.2.1 试件的设计与制作 ……………………………………………… (75)
  6.2.2 材料性能 ………………………………………………………… (77)
  6.2.3 试验加载装置及加载方案 ……………………………………… (80)
  6.2.4 试验测试内容 …………………………………………………… (81)
  6.2.5 试验步骤 ………………………………………………………… (83)
6.3 试件破坏过程及破坏形态 …………………………………………… (83)
  6.3.1 W-1 墙体试件破坏过程 ………………………………………… (84)
  6.3.2 W-2 墙体试件破坏过程 ………………………………………… (85)
  6.3.3 W-3 墙体试件破坏过程 ………………………………………… (86)
  6.3.4 W-4 墙体试件破坏过程 ………………………………………… (87)
  6.3.5 W-5 墙体试件破坏过程 ………………………………………… (88)
  6.3.6 W-6 墙体试件破坏过程 ………………………………………… (89)
  6.3.7 W-7 墙体试件破坏过程 ………………………………………… (90)
  6.3.8 W-8 墙体试件破坏过程 ………………………………………… (91)
  6.3.9 GW-1 墙体试件破坏过程 ……………………………………… (92)
  6.3.10 GW-2 墙体试件破坏过程 ……………………………………… (93)
  6.3.11 GW-3 墙体试件破坏过程 ……………………………………… (94)
  6.3.12 GW-4 墙体试件破坏过程 ……………………………………… (96)
  6.3.13 GW-5 墙体试件破坏过程 ……………………………………… (97)
6.4 新型复合墙体试验结果分析 ………………………………………… (98)
  6.4.1 概述 ……………………………………………………………… (98)
  6.4.2 试件破坏过程分析 ……………………………………………… (98)
  6.4.3 各因素对新型复合墙体抗压强度的影响 ……………………… (99)
  6.4.4 结论 ……………………………………………………………… (102)
6.5 新型复合墙体抗压理论分析 ………………………………………… (102)
  6.5.1 概述 ……………………………………………………………… (102)
  6.5.2 新型复合砌块砌体抗压强度分析 ……………………………… (103)
  6.5.3 新型复合砌块砌体抗压强度计算 ……………………………… (105)

    6.5.4　新型复合砌块砌体抗压强度计算值与实测值比较 …………… (107)

    6.5.5　新型复合墙体抗压承载力分析 ………………………………… (108)

  6.6　本章小结 …………………………………………………………… (111)

7　新型复合墙体抗震性能研究 ………………………………………… (113)

  7.1　概述 ………………………………………………………………… (113)

  7.2　试验概况 …………………………………………………………… (113)

    7.2.1　材料及其性能 ………………………………………………… (113)

    7.2.2　试件设计与制作 ……………………………………………… (115)

    7.2.3　试验方案及加载制度 ………………………………………… (116)

  7.3　试验结果 …………………………………………………………… (119)

    7.3.1　试验破坏过程及形态描述 …………………………………… (119)

    7.3.2　试验墙体滞回曲线及骨架曲线 ……………………………… (125)

    7.3.3　试验墙体荷载和位移 ………………………………………… (129)

    7.3.4　本节小结 ……………………………………………………… (131)

  7.4　新型复合墙体抗震性能分析 ……………………………………… (131)

    7.4.1　概述 …………………………………………………………… (131)

    7.4.2　试验墙体破坏过程分析 ……………………………………… (131)

    7.4.3　滞回曲线和骨架曲线对比分析 ……………………………… (133)

    7.4.4　位移延性对比分析 …………………………………………… (135)

    7.4.5　承载力对比分析 ……………………………………………… (137)

    7.4.6　耗能能力及黏滞阻尼比 ……………………………………… (138)

    7.4.7　刚度退化性能分析 …………………………………………… (140)

    7.4.8　本节小结 ……………………………………………………… (142)

  7.5　新型复合墙体抗剪承载力计算 …………………………………… (143)

    7.5.1　墙体宏观破坏形态 …………………………………………… (143)

    7.5.2　砌体墙体剪切破坏理论 ……………………………………… (144)

    7.5.3　普通新型复合墙体抗剪承载力计算 ………………………… (146)

    7.5.4　带构造柱新型复合墙体抗剪承载力计算 …………………… (151)

    7.5.5　承载力计算值与实测值比较 ………………………………… (152)

  7.6　本章小结 …………………………………………………………… (153)

8　结论与展望 ………………………………………………………… (155)

  8.1　结论 ………………………………………………………………… (155)

  8.2　展望 ………………………………………………………………… (156)

参考文献 ……………………………………………………………… (159)

1 绪 论

1.1 选题背景及研究意义

砌体结构是一种古老的建筑结构形式,几千年来,由于其具有良好的耐久性、较好的保温隔热性能,且易于取材、造价低廉,生产和施工方便,在我国被广泛应用,但该结构不仅自重大、强度较低、抗震性能较差,而且毁坏耕地、浪费能源、施工劳动强度大。例如:两千多年来,实心黏土砖作为一种传统的建筑材料,在我国住宅建筑的建设过程中被广泛采用,但实心黏土砖的生产制作不仅毁坏耕地、浪费能源,而且破坏生态、污染环境。国家发改委已经明确提出,截至 2010 年年底,我国所有城市禁止使用毁田严重的实心黏土砖。为了积极响应国家墙体材料革新和建筑节能的政策[1-4],由相关科研人员积极开发出一种节能、节地、环保、保温、高强型的新型建筑材料来替代传统的实心黏土砖已迫在眉睫。

随着我国经济增长模式的转变和环境保护意识的增强,墙体材料改革和建筑节能成为我国建筑业的重中之重。墙体材料改革是我国城镇和乡村建设的一项重要举措,对保护环境、节约能源、降低成本、减轻自重、提高自身强度和保温性能具有重要意义。目前,我国在墙体材料改革和建筑节能方面已取得重大突破,但是在全国范围内黏土砖和建筑耗能高的建筑材料仍在生产和使用,积极宣传和推进墙体材料改革及建筑节能工作非常重要。

近年来,我国科学工作者已经研发出多种替代实心黏土砖的新型墙体材料,按其构造要求可分为三大类:建筑块材、轻质板材、复合墙体[5]。其中,建筑块材已经应用到我国的建筑物建设中,其发展速度快、应用范围广。建筑块材可分为混凝土空心砖和建筑砌块两部分。混凝土空心砖是一种新型墙体材料,其按照砌墙砖尺寸为基本规格进行制作,它既不同于黏土多孔砖,也不同于普通混凝土小型空心砌块。混凝土空心砖具有较高的抗剪强度,能够增大房屋的强度和安全性。建筑砌块是一种块状建筑砌体,其尺寸介于标准砖尺寸和大板尺寸之间。与实心黏土砖相比,建筑砌块不仅可以降低能源消耗、减轻环境污染,而且还能提高工程质量。轻质板材是近年来发展起来的一种新型的轻质墙体材料,该类建筑材料运用工业废渣、农业废弃物等一些成本较低的材料加工而成,具有轻质、高强、节能、环保等特点。复合墙体是由混凝土砌块空腔墙和其他非承重材料组合而成的一种新型墙体结构,其具有承重、保温的特点。非承重材料种类繁多,其中应用到复合墙体中的非承重材料有膨胀珍珠岩、岩棉板及其板材、石膏板、纤维板、聚苯乙烯泡沫板等。近年来,在我国北方寒冷且地震高发地区,复合墙体已经得到广泛应用。自1958年以来,我国首次以砌块作为墙体材料用于建筑物的建设中,经过多年的应用与实践,砌块已成为我国墙体材料改革的首要任务。砌块种类繁多、规格各异。目前,国内外有大量学者从事多功能混凝土砌块的研究工作。其中,我国研究与开发的多功能砌块有普通混凝土小型砌块、灌芯混凝土砌块、连锁式砌块、N式砌块等;国外研究与开发的多功能砌块包括IMSI保温隔热砌块、TB性保温隔热复合砌块、聚氨酯高效保温砌块等。

混凝土空心砌块的应用已经在我国城镇和乡村建设中得到了快速发展。自从美国研发出混凝土空心砌块的生产技术和发明第一台空心砌块成型机以后,人们开始研发出各种手动和机械的空心砌块成型机并开始投入生产和使用。但混凝土空心砌块在我国应用得较晚,20世纪50年代初我国才引进混凝土空心砌块的生产技术并开始投入生产和使用。

新疆位于我国西北地区,该地区自然条件较差,属于高地震烈度寒区,大多数农牧民生活在自然环境较差的农牧区,占新疆人口总数的68%。目前,我国大部分村镇住宅建筑仍沿用传统的建筑结构形式,如生土结构、木结构、砖混结构等。其中,生土结构保温性较好,但其耐久性和抗震性能较差。在我国村镇住宅建筑中,砖混结构是普遍采用的一种建筑结构形式,占建筑结构形式的80%以上。砖混结构的优点是强度高、整体性好、抗震性能较好;缺点是保温性能较差。由于生土结构、木结构、砖混结构等结构形式在保温性、耐久性或抗震性等方面存在着一定的不足,尚不能满足我国村镇建设的发展需求。因此,处于我国寒冷且地震多发地带的新疆,亟须研究出一种新型的建筑结构形式,该结构形式不仅节能环保、造价低廉,而且保温性、耐久性、抗压性和抗震性好。该种建筑结构形式的研究开发,对加快新疆村镇建设,改变村镇落后的居住环境,使新疆的村镇建筑真正符合绿色、节能、可持续发展的村镇居住要求,具有非常迫切的现实意义。

根据新疆村镇建设的需要,课题组提出了一种新型的墙体结构形式,即新型保温轻质混凝土空心砌块-生土复合墙体结构(简称新型复合墙体结构)[6-9]。该种墙体结构是将EPS混合土灌注到轻质混凝土空心砌块孔洞内,并在墙体相应位置设置保温轻质混凝土构造柱与圈梁,见图1-1。其中,EPS混合土作为一种新型的内部填充材料灌注到轻质混凝土空心砌块孔洞内形成一种新型复合砌块。轻质混凝土空心砌块以页岩陶粒、粉煤灰、水泥为主要原料,利用压力成型,经自然养护而成,具有轻质、环保、节能、节地、利废等优点,并且加工工艺比较成熟,使其作为外模不仅可以起到模板作用,而且减少整个模板制作过程中的费用,降低施工成本。EPS混合土以生土、EPS颗粒、水泥为主要原料,具有轻质、保温等优点。其中,将EPS混合土整体浇筑到轻质混凝土空心砌块孔洞内,使内芯和外模形成一个整体,具有良好的抗压、抗震性能。通过二者结合,克服了各自的不足,充分发挥了二者的优点。圈梁与构造柱均采用陶粒混凝土浇筑。该新型复合墙体结构具有轻质、保温、节能、抗震、经济性好等特点,非常适用于新疆地区的村镇建筑。

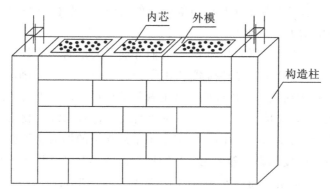

图 1-1 新型保温轻质混凝土空心砌块-生土复合墙体结构图

1.2 国内外研究现状

1.2.1 聚苯乙烯轻质混合土材料的研究现状

轻质土是指密度小于一般天然土的材料,较多应用于岩土工程。轻质土大多数是由人工混合而成,天然轻质土较少。按照密度来分,轻质土可以分为高轻质土、中轻质土和低轻质土。在所有的轻质土中应用最为广泛的是粉煤灰轻质土、EPS 板材轻质土、气泡混合轻质土以及 EPS 颗粒混合轻质土。本研究中试件所采用的灌芯材料为 EPS 颗粒混合轻质土。

聚苯乙烯轻质混合土的研究在我国起步较晚。研究表明[10-12],水泥掺量是影响聚苯乙烯轻质混合土抗压强度的主要因素,但对改变材料密度影响不明显,EPS 颗粒掺量是影响材料密度的主要因素,随掺量增加,材料密度呈线性降低;轻质混合土的初始弹性模量和极限应力强度随水泥用量和龄期的增大而增大,随含水率的增大而变小;抗压强度与水泥用量呈指数关系,与含水率呈乘幂关系,与龄期呈线性关系,与重度的关系随水泥含量的变化而变化[13-14],当荷载不超过压缩屈服应力时将混有 EPS 颗粒的轻质混合土作为填土材料具有很好的应用前景[15-16]。顾欢达的研究结论与上述学者基本一致,同时表明在水下环境使用轻质混合土时对其强度具有不利影响[17-20]。加入聚丙烯纤维,可以有效提高其残余强度和韧性,改变材料的破坏形式[21]。土体微观结构研究,为进一步探明其力学特性提供了有效途径。研究表明,聚苯乙烯轻质混合土和原料土的力学特性有很大的差别,而这种差别源于土体微观结构的变化。轻质混合土内部由于水泥水化产物的存在而形成了网状的、强度较高的胶结物,是轻质混合土强度的主要来源;试样的强度和刚度随水泥含量的增加而增大,EPS颗粒在轻质混合土中具有置换效应和空间效应,由于骨架结构被EPS颗粒置换而出现应力集中现象,相同水泥含量的试样,其强度和刚度随EPS颗粒含量的增大而减小[22-23]。

在静荷载作用下的性能研究基础上,学者们开展了大量的动荷载作用下材料性能的研究。EPS颗粒轻质混合土在循环荷载作用下具有软化特性[24],且随动力荷载比的增大而增大,随围压的增大而减小。用轻质混合土做基础材料可以更加有效地控制交通荷载引起的震动[25],EPS颗粒混合土的动应力-应变曲线符合双曲线变化规律[26]。LCES的动强度随围压和水泥含量的增大而增大,但由于水泥含量的增大会增强LCES颗粒间的胶结力,围压对其动强度的影响随水泥含量的增大而减小[27-28]。聚苯乙烯轻质混合土的动强度随着水泥含量的增大而增大,随着EPS颗粒含量的增大而减小[29]。

综上所知,在土中加入水泥和纤维,可以改善土体的强度;加入聚苯乙烯颗粒,可以减轻其重度。轻质土的强度随水泥含量的增大而增大,随着聚苯乙烯颗粒的增加而减小;轻质土轻质的特性主要由聚苯乙烯颗粒来提供,水泥含量和含水率对重度的影响较小。聚苯乙烯轻质混合土,目前主要广泛应用于软弱地基处理、道路边坡施工、海岸堤防填土和抗震等方面,但在墙体建筑中的应用尚缺乏研究。聚苯乙烯有很好的保温性能,用作墙体材料时可以提高砌体结构的热工性能。上述研究为配置高强、轻质的混合土提供了科学依据和参考。

1.2.2 国内外砌块砌体发展与应用现状

1.2.2.1 国外应用现状

国外学者对砌块砌体的研究较早,为降低砌块生产时水泥用量的消耗,提高砌块强度,增强产品的竞争力,很多国家对集料的最佳级配曲线与外加剂的掺入量做了较详细的研究。在美国,将轻质砌块用于多(高)层建筑的填充墙和内隔墙是比较普遍的,这就减轻了结构自重并提高了其抗震能力。轻质小砌块亦可用于承重墙及低层别墅住宅的建造[30]。Gunduz对由粉煤灰等几种材料所组成的轻质小砌块进行了研究,证明此种小砌块可推广应用于建筑行业[31]。连锁砌块是一种较为新型的小砌块,它的上下左右四面均可互锁,除一层墙体砌块需用砂浆砌筑外,其他各层均可不用,依照构造措施,使墙体形成一个整体。1970年以后,美国、瑞士等均研制并生产了连锁砌块。美国和加拿大还研究了无浆砌块体系的技术[32]。众多学者对砌块的保温性进行了深入研究:Ossama和Kris两人研究了砂浆和空气间层对砌块高温隔热性能的影响[33];Jabri等经研究指出,可以通过孔洞错排等措施提高轻集料砌块的保温隔热性能[34]。国外的砌块砌体建筑应用范围较广泛,而且具有很成熟的节能措施。即使在严寒地区的瑞典等国家,这种建筑的室内热居住条件也很高。欧美等国家的建筑节能理念比较先进,节能措施也很全面,屋面、窗户、墙体的材料和结构形式均有涉猎。混凝土空心砌块最早由美国人发明。美国采用混凝土空心小砌块建造房屋已有近百年的历史,1866 年美国人哈契逊获得了美国第一份生产空心砌块的专利证。1874 年鲁道斯用混凝土制成了多种形状的空心砌块并获得了专利。1890 年帕尔墨的生产技术使混凝土砌块成为商品,并于 1897 年用 30 cm×8 cm×10 cm 的空心砌块建成了一幢房屋。直到 1951 年,美国创下了 16 亿块砌块的年产量纪录,轻集料砌块占了一半以上[35],1955 年的年产量达到 25 亿块,1973 年达到 33.52 亿块。第二次世界大战之后,日本砌块工业也开始发展,借助美国砌块的设备和生产技术,开始大量生产砌块。到 20 世纪 50 年代,小型砌块生产量迅速增长,1972 年达高峰,年产量约为 13 亿块,现今小型砌块约占建筑墙体材料的 33%。德国和意大利从 20 世纪 60 年代开始,混凝土小型砌块生产技术有了较快的发展,目前德国的砌块约占其墙材的 37.8%,意大利主要生产浮石小型砌块。英国砌块在 1978 年的年产量为 1212 万 m³,主要生产人造集料和煤渣砌块,约占总砌块的 70%。早在 1968 年法国就有大约 6000 万 m³ 的工业建筑采用混凝土小型空心砌块,同时有三分之一的新型住宅采用混凝土小型砌块进行建造[36]。

1.2.2.2 国内应用现状

砌体是一种非常古老的建筑结构,具有悠久的历史。我国在西周时期(公元前 1046 年至前 771 年)已有烧制的黏土瓦,我国最早的铺地砖已经出现。战国时期出现了精致的大型空心砖。西汉时期出现了空斗砌结的墙壁,以及用长砖砌成的角拱券顶、砖穹隆顶等。在漫长的历史长河里,我们的前辈给后代留下了许多有名的砌体建筑,如长城、河北安济桥、苏州宝带桥等。

水泥出现于 19 世纪 20 年代,由于水泥的出现以及水泥砂浆的广泛应用使得砌筑质量得到提高。我国传统的房屋一般以木构架承重,以砖砌壁墙作围护,到 19 世纪中叶才逐步转变为以砖墙承重。在这一时期,砌体材料以黏土砖为主,结构设计采用房屋结构静力计算,采用蕴应力法,结构设计缺乏完整的理论依据。在 20 世纪 40 年代末到 50 年代,我国结构设计与施工方法主要借鉴了苏联的设计方法与经验。在材料方面,出现了硅酸盐砌块、混凝土空心砌块以及各种承重和非承重空心砖;在结构方面,研究了各种形式的砖薄壳;在技术方面,采用震动砖板墙及各种配筋砌体,包括预应力多孔楼板等。在近半个世纪以来,我国砌体结构空前发展。我国于 1952 年统一了黏土砖的规格,使之标准化、模数化。在随后的几十年中,我国学者对砌体的性能做了一系列的砌体结构试验研究,得出了符合我国具体情况的砌体的各种计算公式,如砌体的受拉、受剪、局部受压、偏压、长柱稳定性等公式,并颁布了相关规范,结束了长期使用外国规范的历史。1988 年,我国又颁布了更符合需要的《砌体结构设计规范》(GBJ 3—1988),但这并不意味着砌体结构停止了发展,我国专家开始研究新材料、新结构。在 21 世纪初,我国颁布了《砌体结构设计规范》(GB 50003—2001),它的使用是中国砌体结构发展的重大里程碑[37-39]。2011 年,《砌体结构设计规范》(GB 50003—2011)发布。

我国北方严寒地区对节能建筑的需求迫在眉睫,建筑节能的原始方法是加大墙体厚度,但这样既浪费了材料,又增大了墙体自重,从而限制了建筑建设的高度和跨度[40]。随着对结构形式的不断探究、施工技术的不断创新与成熟,出现了自重轻、保温隔热性能更好的夹心墙(cavity wall filled with insulation),此种墙体建筑不仅使室内环境温暖舒适,还能大量节约能源,节能效果能够很好地满足我国建筑节能要求[41]。国外夹心墙在很大范围内被使用,其施工技术成熟,经验丰富。在国内也有很多成功的建筑实例,如沈阳的一幢 17 万 m² 的夹心墙节能住宅,其冬季采暖费用降低了 111.52 万元,同时大大降低了采暖能耗,减少了有害气体的排放,取得了显著的经济社会效益[42]。我国多年来对夹心墙的试验研究以及经验总结,促使夹心墙的设计、施工技术正不断走向成熟,并总结出适合我国国情的设计规范——《砌体结构设计规范》。但是,夹心墙施工工序烦琐,工艺、构造复杂,质量难以保证。因此,砌体结构中出现了一个新的矛盾:一方面,要求结构墙体具有良好的建筑节能效果;另一方面,要求设计容易、施工方便、构造简单,而且建筑质量容易保证[43]。

1.2.3 砌块砌体受压性能研究状况

砌体的抗压性能是砌体结构重要的力学指标,对砌体结构受压性能的研究一直深受国内外学者的关注,主要集中在强度、本构关系和相关理论方面。

在砌体结构中,块体强度和砂浆强度是影响砌体结构抗压强度的主要因素。砌块是砌体结构的骨架部分,砂浆是连系块体间的桥梁,砌体结构的强度随砌块和砂浆强度的增大而增大,但随着砌块强度和砂浆强度的增加,其强度的利用率也会随之降低。

砌块和砂浆强度的匹配性和变形协调性是影响砌体结构抗压强度的主要因素[44],当砌块强度和砂浆强度等级相差较大时,由于砌体结构横向变形性能的不协调,在内部砌块和砂浆间会产生复杂的拉压应力,对砌体结构的抗压强度产生不利影响,砌块和砂浆强度控制在相差 1 到 2 个强度等级为宜[45-46]。

灌芯砌体的强度随砌体结构的灌芯率和灌芯材料强度的增大而增大,砌块和芯柱混凝土间竖向变形协调满足一定的关系式[47-48]。刘一彪、刘桂秋根据复合砌体的变形协调条件,建立了复合砌体中灌芯混凝土、砌块两种材料强度之间的相互匹配关系,同时提出了复合混凝土砌块砌体的最佳材料强度组合表,与现行规范的规定基本吻合,可以在工程设计中作为参考[49]。

砌体的本构关系是砌体结构内力分析和强度计算的重要依据,国内外学者对砌体的本构关系进行了大量的研究。苏联学者在 20 世纪 30 年代提出了对数形式的砌体结构受压本构关系表达式[50],施楚贤[51]在此基础上依据 87 组砖砌体的试验统计分析结果,提出了以砌体强度的平均值为基本变量的砌体结构的本构关系,较全面地反映了块体强度、砂浆强度及变形性能对砌体结构变形性能的影响,但在该本构关系中缺少反映砌体特征的下降段;曾晓明等人[52]从分析砌体结构受压的应力-应变全曲线的特征出发,在施楚贤提出的砌体结构受压本构关系表达式的基础上,提出了用分段式的四个方程式模拟砌体结构本构关系曲线。学者 Robert G.Drysdale 和 Ahmad A.Hamid[53]于 1979 年提出了单轴受压时的破坏准则,1994 年进行了复合砌体在双向拉-压应力作用下力学性能的试验研究。1981 年 Ahmad A.Hamid 和 Robert G.Drysdale 依据砌体结构的各向异性,提出了适合砌体结构的破坏准则必须能够说明其在双向受力作用下的各种破坏形态[54],认为砌体结构在双向受力作用下有两种破坏形态:剪切破坏和受拉破坏,相应地提出了两种破坏准则。1998 年 Paulo B.Lourenco 和 Jan G.Rots[55]提出了一种适用于材料主方向上强度不等的强度准则,包含两种抗拉强度和两种抗压强度,体现了砌体的各向异性。文献[56]通过试件在复合受力状态下的试验数据,得到了复合砌体在复合受力状态下的破坏形态、破坏机理、抗压强度等力学性能。

在目前砌块砌体抗压强度的研究方面,主要有经验方法和理论方法,经验方法主要是建立在试验方法的基础之上,通过试验研究利用数学物理方式归纳出一个偏于安全的计算公式[57]。我国《砌体结构设计规范》(GB 50003—2011)依据试验研究,综合考虑砌块强度、砂浆强度和灌芯材料强度对砌体结构的影响,在原规范(GB 50003—2001)[58]的基础上进行了适当调整和补充,得出砌体结构统一表达式。1979 年,Ahmad A.Hamid 和 Robert G.Drysdale 采用弹性理论分析方法,由变形协调条件、平衡条件和莫尔破坏理论,给出灌芯砌体的抗压强度表达式[59]。施楚贤、谢小军[60]基于变形协调的应力叠加法,认为砌块四周肋壁会对芯柱有一定的约束作用,使外部砌块强度处于拉-压双重应力状态,其抗压强度值会有所降低,而处于肋壁中的芯柱会处于双向受压状态,其抗压强度值将提高。2009 年,吕伟军、吕伟荣[61]基于国内灌芯砌体受压试验资料,对芯柱与砌块的抗压强度比加以考虑,认为芯柱与砌块的抗压强度比会直接影响到灌芯砌体受压破坏形态和强度,提出了适用于灌芯砌体抗压强度的反映芯柱混凝土与砌块抗压强度比的计算公式。

综上所述,影响砌体结构受压性能的因素有块体强度、砂浆强度、灌芯强度、配筋率、灌芯率、试件的尺寸、施工质量控制、试验方法、龄期等。对于非配筋灌芯复合砌块砌体,其抗压性能主要与外部砌块、灌芯材料和黏结砂浆三种材料的性能以及性能匹配有关。

1.2.4 灌芯混凝土砌块砌体抗剪性能研究状况

对于灌芯混凝土砌块砌体抗剪性能研究,国内外众多学者做了大量试验。已有的试验研究表明,砂浆强度和芯柱混凝土强度是影响小砌体抗剪强度的主要因素。现今世界上许多国家规范给出的砌体结构的抗剪强度是按经验方法确定的。而其抗剪强度主要有两种:一是没有压应力情况下的纯剪强度;二是剪-压复合作用下的抗剪强度。实验室条件下所做的试验一般获得的是纯剪强度,但实际工程中的抗剪强度为剪-压复合作用下的强度。国外学者对此研究出了多种剪-压复合作用下的抗剪强度相关公式。20 世纪 60 年代,Turnseck、Borchelt、Frocht 等人认为,砌体的抗剪破坏主要是其主拉应力大于抗主拉应力强度(即砌体截面上无竖直荷载时沿阶梯形截面的抗剪强度 f_{v0}),据此提出了主拉应力理论。库仑理论是 1773 年 Coulomb 在研究土压力计算时提出的,20 世纪 60 年代,Sinha 和 Hendry 根据一层高的剪力墙的试验结果,引用库仑理论来确定砌体的抗剪强度,据此提出了应用于砌体抗剪的库仑破坏理论。Chinwah、Pieper、Trautsch 和 Schneider 等人根据试验研究也提出了剪摩破坏机理。许多国家,如英国的砌体结构设计规范和我国的抗震规范以及国际建议都采用剪摩表达式[62]。

杨伟军等人[63]根据 12 组混凝土空心砖砌体抗剪试验结果,提出了空心砖沿通缝抗剪强度的计算公式。陶秋旺等人[64]根据最小耗能原理和刚塑性极限分析理论,得到了多孔砖砌体抗剪强度的计算公式。蔡勇[65]对当时实行的《砌体结构设计规范》(GB 50003—2001)和《建筑抗震设计规范》(GB 50011—2010)在砌体抗剪强度计算方法上存在的问题进行了分析,根据最小耗能原理和正交各向异性材料的破坏准则,建立了砌体在剪-压复合作用下的相关关系式,能完整地表达剪摩、剪压和斜压三种破坏形态。孙恒军等人[66]的研究表明,混凝土小型空心砌块配筋砌体墙片的变形能力比钢筋混凝土剪力墙的变形能力要好。杨伟军等人[67]基于灌芯混凝土砌体抗剪强度进行试验,应用刚塑性极限理论,提出了灌芯混凝土砌体抗剪强度的理论计算式并根据试验研究得出了它的实用计算式。郭樟根等人[68]基于再生集料掺入量为 75% 的再生混凝土小型空心砌块抗剪性能试验研究表明:再生混凝土小型空心砌块砌体的抗剪性能和普通混凝土砌块砌体的抗剪性能基本相似,在剪力作用下发生了上层的通缝剪切破坏,砌块强度对砌体通缝抗剪强度影响不大,砌体抗剪强度随砂浆强度的增加而增大,由于破碎的再生集料吸水性较大,再生混凝土空心砌块砌体的抗剪强度低于普通混凝土砌块砌体的抗剪承载力。杨伟军等人[69]应用刚塑性极限分析理论,构建了灌芯砌块砌体抗剪强度的力学模式,最终提出了灌芯混凝土砌体抗剪强度的理论计算式。施楚贤等人[70]通过试验研究和理论分析,提出了不同灌芯率时混凝土砌块砌体的抗剪强度的确定方法。孙忠洋等人[71]分析了古典主拉应力理论和库仑破坏理论存在的缺陷,并采用"蔡-吴张量多项式"准则得出了灌芯混凝土砌块砌体的破坏准则,继而推导出了灌芯混凝土砌块砌体抗剪强度平均值的表达式。黄幼华等人[72]在总结试验数据的基础上,建立了配筋砌体剪力墙分析的有限元模型。其研究表明,提高灌芯率有助于提高墙体的抗剪承载力和抗侧刚度,但在灌芯率小于 50% 以前,灌芯率提高墙体的抗侧刚度的效果不显著;灌芯率大于 50% 以后,墙体的抗侧刚度显著提高。

不论试验方法如何,其在建立公式时的分析方法都是以主拉应力破坏理论和库仑破坏理论为基础,我国《建筑抗震设计规范》采用了以主拉应力理论为基础的抗剪强度表达式。我国、英国及苏联的砌体结构设计规范也采用了剪摩理论形式的表达式,其中的摩擦系数虽然取值有所不同,但均系常数。无法解释实际工程中墙体产生斜裂缝后其仍能整体工作的问题是主拉应力破坏理论的局限性,而库仑破坏理论公式虽与实测值吻合得较好,但忽略了摩擦力随 σ_y 的增大而下降的事实,因此时已由剪压破坏转为斜压破坏控制,故摩擦系数的剪摩破坏公式已不适用[73-74]。文献[67,68]认为灌芯砌块砌体的抗剪强度由砌体的抗剪强度(即灰缝受剪)和内芯混凝土的抗剪强度组成,作者应用刚塑性极限理论分析得出了灌芯混凝土砌体抗剪强度的理论表达式。文献[69]建立了适合 N 式砌块砌体的抗剪强度理论计算公式。在实际工程试验中,试验加载速度和加载机制的不同会导致得出的抗剪强度值不同[70-72]。

综上可知,影响灌芯混凝土砌块砌体抗剪性能的因素主要有砂浆强度、灌芯材料强度、灌芯率、预压力和加载方式等。国外对砌块砌体抗剪强度的研究主要有两种途径:一种是经验方法,另一种是理论方法。而国内外对砌块砌体受剪强度计算式的研究,主要以库仑破坏理论和主拉应力理论为基础而建立。

1.2.5 复合砌块墙体抗压性能研究现状

1.2.5.1 砖砌体和钢筋混凝土构造柱组合墙抗压研究现状

自唐山大地震之后,我国科学工作者首次提出在砖砌体结构中设置钢筋混凝土构造柱形成钢筋混凝土构造柱砌体组合墙体(简称组合墙体)。组合墙体出现初期,我国科学工作者在砖砌体结构房屋中设置钢筋混凝土构造柱进行研究,取得了一定的研究成果。其中,最具代表性的是湖南大学陈行之教授和施楚贤教授对组合墙结构方面所做的研究。在水平荷载作用下,由于钢筋混凝土构造柱与圈梁的共同作用,阻止或延缓了墙体的开裂与破坏,改善墙体的稳定性能,使墙体裂而不倒,从而提高了墙体的抗震性能。在竖向荷载作用下,由于砖砌体和钢筋混凝土构造柱刚度的差异以及内力重分布的结果,构造柱分担了作用于组合墙体上的部分荷载,同时由于钢筋混凝土构造柱和圈梁形成的"弱框架"对砖砌体的约束作用,使墙体的横向变形减小,间接提高了墙体的抗压承载力,且抗压承载力随设置构造柱间距的减小而增大;砌筑墙体试件时采用的构造措施在保证墙体和构造柱的整体性和共同工作方面起了很大作用,墙体与构造柱在临近破坏时均未出现明显的分离现象[75-77]。胡伟等人[78-79]设置钢筋混凝土构造柱组合砌体试件进行抗压试验,同时在国内相关试验资料和前期试验研究成果分析的基础上,提出了混凝土柱的抗力调节系数、参与共同工作的砌体面积的计算公式以及考虑相对偏心距和高厚比对组合墙体受力特征影响的综合影响系数,最终建立了该类墙体的抗压承载力计算公式。张先进[80]针对实际施工顺序,提出了混凝土构造柱二阶段受力假设。考虑到砌体材料的非线性受力特征,按照变形一致的原则,建立了设置混凝土构造柱砖砌体的抗压承载力计算公式。田玉滨与唐岱新[81]等分析了影响构造柱荷载分配系数的参数,总结出了构造柱与墙体间荷载分配的主要影响因素,提出了荷载分配系数的计算公式。张敏和张和平[82]提出了荷载分配的通用计算公式,同时提出了针对不同砌体材料墙体的荷载分配的计算公式。宋扬[83]利用有限元分析软件对配置钢筋混凝土构造柱的组合砖砌体结构在偏心荷载作用下的受力情况进行了研究,分析出了偏心距和构造柱间距对组合砖砌体结构受压承载力的影响规律,提出了对应于组合砖砌体结构的偏心受压影响系数。闫成德[84]通过对三种组合砖墙体系抗压承载力的计算方法(即"试验研究法""等效截面法""极限应变法")分析讨论,表明采用试验研究法来计算组合砖墙体系的抗压承载力更为合理。陆文斌等人[85]建议加强组合墙平面外偏心受压及开洞组合墙承载力方面的试验研究。董心德[86]在魏晓慧试验研究的基础上,研究扩大构造柱间距对组合墙体出平面偏心受压性能的影响。研究表明:在偏心荷载作用下,组合墙体的承载力随构造柱间距的增大而减小。在总结大量文献资料的基础上,我国《砌体结构设计规范》(GB 50003—2011)[87]提出了砖砌体和钢筋混凝土构造柱组合墙的抗压承载力计算方法。

1.2.5.2 砌块组合墙抗压研究现状

砌块组合墙结构是基于设置钢筋混凝土柱的砖墙体结构和考虑填充墙影响的框架结构的研究基础上提出来的一种新型的墙体结构形式,该结构形式不仅自重轻、易于取材、造价低廉,而且操作简单、施工速度快,在我国城镇和乡村建筑建设中具有很好的发展前景。在试验加载全过程中,由于砌块墙体与构造柱刚度的变化,造成竖向荷载的内力重分布现象,使得荷载在砌块墙体与构造柱间的分配关系发生变化[88-90]。影响构造柱荷载分配和组合墙体抗压承载力的主要因素为砌块砌体的弹性模量和构造柱间距;构造柱荷载分配系数随砌块砌体的弹性模量减小而增大,随构造柱间距的减小而增大;组合墙体的抗压承载能力随砌块砌体的弹性模量增大而增大,随构造柱间距的减小而增大。在通常的纵向钢筋配筋范围内(0.53%~2.12%),可以忽略纵向钢筋配筋率的影响,可以忽略层高对构造柱荷载分配系数的影响;在竖向均布荷载作用下,带构造柱混凝土砌块砌体从加载开始到破坏阶段,荷载在混凝土砌块砌体与构造柱间的分配比例是不断变化的,且变化范围较小(12%左右)。在局部荷载作用处设置构造柱时,构造柱分担了墙体的大部分荷载,墙体的局部抗压承载力得到明显提高[90]。巴盼锋等人[91]利用有限元分析软件,分析了单片改造加气混凝土墙的抗压承载力。其研究表明:通过设置构造措施可以提高改造加气混凝土墙的抗压承载力。

众多学者的大量研究表明,影响组合墙体抗压强度的因素有很多且很复杂,如砌块强度[92-93]、灌芯混凝土强度[94-97]、砂浆强度[98,99]、构造柱截面尺寸和纵向钢筋配筋率[75,91]、构造柱间距[73-75,90]、墙体材料的弹性模量[88]和层高[76,90]等。在组合墙体结构抗压承载力计算方面,学者们在试验、有限元与理论分析的基础上,提出了许多有参考价值的计算方法[75-76,79,81,89-90,100]。

然而,目前对该组合墙体结构方面的研究较少,有待进一步的分析和研究,以掌握其受力性能,重点应该加强对砌块墙体与构造柱间荷载的分配关系以及二者结合到一起的协同受力性能的研究。

1.2.6 复合砌块墙体抗震性能研究现状

无论墙体的最终破坏属于何种破坏形态,砂浆强度都是影响砌块墙体的抗剪强度的重要因素,在剪压和剪摩的破坏情况下,提高砂浆强度是提高砌体墙的抗剪强度的主要方法[98];复合砂浆可以更好地提高墙体的极限承载力、延性以及耗能能力[101]。竖向压应力的大小直接决定砌体墙的破坏形态,增加竖向应力有利于提高墙体承载力,但会降低抗变形能力[102,103],正压力越大的试件破坏越严重,正应力过大会使延性较好的墙体变为脆性破坏,竖向压力对破坏形态的影响要小于填芯率[104]。增设芯柱可以有效改善墙体的抗震性能,还会明显提高墙体的抗变形能力,提高墙体的开裂及极限承载能力[105,106],明显提高开洞墙体的抗剪承载力[106],抗剪强度的提高与芯柱的数量基本上呈正向线性增加[107],墙体中部设置芯柱比在墙体两侧端部设置芯柱能起到更好的抗剪作用[108],在配筋砌体的承载过程中,销键的作用会一直存在直到极限荷载下芯柱发生剪切破坏为止[109];芯柱式构造柱墙体的抗震性能和约束作用与现浇构造柱相当[110-113]。施加体外预应力能有效提高墙体初裂荷载、极限荷载和抗侧刚度[114,115],会降低墙体刚度退化率,且当预应力与轴压比的组合值过大时,墙体延性会有一定程度上的降低[116]。当墙体处于极限状态时,芯柱竖向钢筋应力所承受的抗剪作用仅为钢筋屈服强度的 $4.5\%\sim20\%$[117,118]。墙体高宽比是影响墙体截面的应力分布状态、破坏形式、抗剪强度和变形的主要因素之一[119]。在砌体墙体中布置合理数量的构造柱,可以有效地提高墙体的抗剪承载能力,同时也可以改善墙体的耗能性能、延性等基本的抗震性能[60,116-120]。

综上所述,灌芯砌块墙体是一个由多种材料组成的综合整体,包括砌块、砂浆以及内芯灌孔材料。多种材料的有机结合使得墙体材料并非一个完全弹性体,也不是一个各向同性、连续的材料。因此,影响其性能的因素众多,其中试验墙体的竖向正应力、砂浆强度、剪跨比、灌芯材料、砌筑质量、构造柱、芯柱等均是影响复合砌块墙体抗剪性能的主要因素。

1.3　主要研究内容

本书以复合砌块墙体结构的外模砌块和内芯材料的配合比研究为基础,系统地开展了复合砌块材料制备、复合砌块砌体基本力学性能、复合砌块墙体承压和抗震性能等系列试验和理论分析研究。研究内容主要包括以下几个方面:

(1) 采用正交试验法,以 EPS 颗粒、水泥的含量和含水率为因素,以重度、抗压强度、导热系数为控制指标,进行了轻质 EPS 混合生土基本配合比试验。通过对正交试验结果的直观和方差分析,得出影响材料抗压强度和导热系数的主要因素和规律;通过二元线性回归分析,确定出 EPS 混合土砌块抗压强度与 EPS 颗粒含量及水泥含量之间存在着良好的线性相关关系,所求得的线性回归方程亦是合理且显著的。为解决内芯材料和外模砌块之间的裂缝问题,以减水剂、膨胀剂和预压应力为因素,进行了内芯材料配合比与制备工艺的优化研究。最终确定的聚苯乙烯轻质混合土的最优配合比为:以黏土质量为标准(设为 1),水泥含量为 $30\%\sim40\%$,EPS 颗粒含量为 1%,含水率为 $30\%\sim35\%$,减水剂掺量 2.5%,膨胀剂掺量 4%,材料灌芯施工时,采用 17.8 kPa 预压力。

(2) 以粉煤灰掺量、水泥掺量、聚丙烯掺量以及砂率为因素,以重度、抗压强度、导热系数为控制指标,进行了外模轻质陶粒混凝土的配合比试验,基于直观和方差分析,确定了影响陶粒混凝土性能的主要因素和规律,通过多指标正交分析(即综合平衡法)并考虑经济性,确定了该新型陶粒混凝土的最优配合比为聚丙烯纤维 0.9 kg/m³、粉煤灰用量 75 kg/m³、水泥用量 225 kg/m³、陶粒用量 309 kg/m³、陶砂用量 369 kg/m³、总用水量 244 kg/m³。

(3)以砌筑砂浆强度等级、聚苯乙烯轻质混合土强度等级以及外模砌块强度等级为变量,进行了复合砌块砌体抗压、抗剪基本力学性能试验,分析了复合砌块砌体抗压、抗剪的破坏形态和破坏特征。在复合砌块砌体抗压试验研究基础上,结合国内外关于灌芯混凝土砌块砌体的受压试验资料与研究成果,运用变形协调条件和静力平衡条件,建立了新型复合砌块砌体抗压强度计算公式;以试验为基础,应用霍夫曼强度准则建立了复合砌块砌体抗剪强度的理论计算公式,并将理论计算公式与试验值进行了对比分析。结果表明:应用霍夫曼强度准则推导出的公式计算出的理论值和试验值吻合得较好。

(4)对不带构造柱与带构造柱的 13 片新型复合砌块墙体试件进行了竖向荷载作用下的抗压性能试验研究。首先分析了高厚比、外模强度、内芯强度以及构造柱对新型复合砌块墙体破坏阶段裂缝发展与分布等破坏形态的影响,探索了构造柱在复合砌块墙体中的作用;其次详细分析了高厚比、外模强度、内芯强度以及构造柱对墙体试件开裂荷载、极限荷载等强度指标的影响,提出了新型复合砌块墙体试件抗压强度的主要影响因素,总结出了各参数对新型复合砌块墙体试件抗压强度的影响规律。在新型复合墙体抗压性能试验研究的基础上,参照《砌体结构设计规范》(GB 50003—2011)中有关砌体抗压承载力计算公式,并结合有关文献中新型复合砌块砌体抗压强度计算公式,建立了新型复合墙体抗压承载力计算公式。将理论计算值与试验值进行比较,结果表明:理论计算值与试验值吻合得较好。

(5)以高宽比、竖向荷载、内芯复合土强度、构造柱等为因素,设计制作了 9 片复合砌块墙体,基于拟静力试验,从试件的破坏过程和形态、裂缝发展、承载力、变形能力、滞回特征、延性和耗能能力以及刚度退化等方面系统深入地分析了复合砌块墙体的抗震性能,重点对未设置与设置构造柱、圈梁两类墙体试件的抗震性能进行了比较分析研究。通过对墙体试件低周反复荷载试验数据的理论分析,探索了未设置构造柱普通新型复合砌块墙体和设置构造柱复合砌块墙体两类试件的抗剪机理;根据灌芯砌体受剪机理及破坏形态,参考国内有关灌芯砌体抗剪强度的理论研究成果,最终提出了形式合理、与国内现行《砌体结构设计规范》(GB 50003—2011)一致的两类复合砌块墙体试件抗剪承载力的理论计算公式,为实际工程设计提供理论依据。

本书的研究成果将为该种复合墙体早日应用到实际工程中提供参考。

2　聚苯乙烯轻质混合土配合比研究

2.1　概　　述

聚苯乙烯轻质混合土是由土、水泥、EPS 颗粒、水这四种基本材料混合而成,是 20 世纪 80 年代由日本等国研究发展起来的新型材料,具有自重轻、强度和重度可调性好、流动性好、环保等优点,在国内外软弱地基处理、边坡工程、桥台填土、海岸填土等工程中有着广泛的应用,但其在作为建筑材料方向的应用尚属空白。

本章采用正交试验法,研究聚苯乙烯轻质混合土的配合比、物理特性和抗压强度,分析组成复合砌块的聚苯乙烯轻质混合土材料中各因素对其重度、抗压强度的影响,找出其变化规律,确定合理的配合比,为其作为新型节能墙体材料在工程中的应用提供理论依据。

2.2　试验原材料

制备聚苯乙烯轻质混合土材料,试验所用的原料为土、EPS 颗粒、水泥和水。

2.2.1　土

用于轻质混合土中的原料土可以为不同土质的土,主要有:①工程弃土,主要随城市基础建设产生,对这些弃土进行二次利用对环境和经济都比较有利,但不同的地质环境下,工程弃土的性质不同,在利用时应加以区别。②疏浚淤泥土,其含水率和腐殖质含量较高,透水性差,强度较低,可以固化后利用[121]。③砂土,其密度较大,黏聚性较小[122],比较容易拌和和控制比例,但使用不经济。

原料土土质不同,聚苯乙烯轻质混合土的性质也不同。本试验的原料土由石河子市开挖土方得到,采用工程弃土,即市区基础建设开挖后剩余的土。土的物理性质由试验确定,在室内晾晒三天后进行试验。在试验前过 2.5 mm 筛筛子,除去土中较大的颗粒和杂质,土的物理性质测定如下:

(1)含水率试验

采用酒精燃烧法测定,含水率计算公式:

$$w = \left(\frac{m}{m_\mathrm{d}} - 1\right) \times 100\%$$ (2-1)

式中 w——土的含水率;

m——湿土质量(g);

m_d——干土质量(g)。

(2) 密度试验

采用环刀法测定,湿密度计算公式:

$$\rho = \frac{m}{V}$$ (2-2)

式中 ρ——土的湿密度(g/cm^3);

m——土的质量(g);

V——土的体积(cm^3)。

干密度:

$$\rho_\mathrm{d} = \frac{\rho}{1+w}$$ (2-3)

式中 ρ_d——土的干密度(g/cm^3)。

(3) 界限含水率试验(采用液、塑限联合测定法)

塑性指数:

$$I_\mathrm{P} = w_\mathrm{L} - w_\mathrm{P}$$ (2-4)

式中 I_P——塑性指数;

w_L——液限;

w_P——塑限。

液性指数:

$$I_\mathrm{L} = \frac{w_0 - w_\mathrm{P}}{I_\mathrm{P}}$$ (2-5)

式中 I_L——液性指数,计算至 0.01;

w_0——土的含水率。

测量结果见表 2-1。

表 2-1 试验土的物理性质

含水率/%		湿密度/(g/cm^3)	干密度/(g/cm^3)	液限/%	塑限/%	液性指数	塑性指数
晾晒前	晾晒后	1.80	0.61	25.0	18.1	<0	6.9
6.57	1.95						

2.2.2　EPS 颗粒

聚苯乙烯是一种多功能的轻质高分子土工合成材料,按发泡类别分为模压发泡和挤出发泡,在成型过程中颗粒膨胀形成密闭的空腔,此种结构决定了 EPS 颗粒具有轻质、耐用、热稳定性好、化学性质稳定等优良工程特性[123],在工程泡沫材料中应用比较广泛,既可以替代其他土工材料又可以单独使用,利用其轻质的特性,将 EPS 颗粒作为轻质混合土的组成材料,可以在降低混合土重度的同时降低工程成本。本试验采用原生 EPS 颗粒,平均粒径 4.0 mm,颗粒密度为 0.024 g/cm³,为江苏省某化学品公司生产的聚苯乙烯(发泡级)颗粒。

2.2.3　水泥

传统的固化剂仅限于水泥,随着工程规模的不断扩大,单纯的水泥造价较高,将一些工业废料如粉煤灰、石灰等辅助材料与水泥一起混合使用,可以提高混合土强度且造价较低。本试验处于研究初期,轻质混合土在墙体建筑中的应用研究尚缺乏参考资料,因此采用纯水泥作为固化剂,该水泥为石河子某水泥公司生产的等级为 32.5 的复合硅酸盐水泥。在石河子周边地区水泥市场调查发现,建筑工地所用的等级为 32.5 的水泥 90%以上为复合水泥,符合工程实际情况。

2.2.4　水

采用清洁自来水。

2.3　试 样 制 备

2.3.1　材料重度、抗压强度试件制作

采用立方体标准试样,尺寸为 150 mm×150 mm×150 mm。

先确定轻质混合土的配合比,按比例称量一定量的土和水泥混合均匀,再加入适量的水拌和 5 min,使之成为均匀的浆体,最后加入 EPS 颗粒,搅拌直至拌和均匀,使水泥浆体包裹 EPS 颗粒并填充于 EPS 颗粒间的空隙。将均匀的拌合物分三层装入试模,人工振捣成型,每组试件 3 个。试件在室内养护 24 h 后,确定其具有初步强度时脱去试模;养护至标准龄期(28 d)后即可进行试验。用精度为千分之一的游标卡尺测其实际尺寸,

计算试样体积,用量程为 15000 g 的电子天平称量其质量,进而计算出试样的重度,最后用 WE-68 型万能材料试验机测其无侧限抗压强度。

2.3.2　材料导热系数试件制作

对试件的要求如下:

(1)试件以三块为一组,每组试件的材料物理力学性质均相同。试件尺寸为:薄试件一块,200 mm×200 mm×20 mm;厚试件两块,200 mm×200 mm×60 mm。

(2)试件相互接触的表面要求平整且结合紧密。

(3)薄试件要求厚度处处均匀。

2.4　试　验　设　计

2.4.1　试验指标

在本课题中,组成复合砌块的具体要求如下:内芯——聚苯乙烯轻质混合土的重度不大于 12 kN/m³,抗压强度不小于 1 MPa,导热系数不大于 0.5 W/(m·℃);外模——轻质混凝土空心砌块的重度应小于 12 kN/m³,抗压强度大于 1 MPa,导热系数不大于 0.35 W/(m·℃)。

本试验采用正交试验方案,以聚苯乙烯轻质混合土材料的重度和抗压强度为指标。

2.4.2　配合比设计

根据试验研究的目的,选取土、水泥、EPS 颗粒的含量和含水率作为影响聚苯乙烯轻质混合土材料性能的基本因素,并做空白对照,对各因素选取合理的值。EPS 颗粒和水泥是区别聚苯乙烯轻质混合土和生土材料的主要因素,轻质混合土材料的成型主要由水泥浆体包裹 EPS 颗粒成型,当 EPS 颗粒含量过高时,水泥浆体将无法全部包裹 EPS 颗粒,材料将呈松散状态,难以成型,其强度也较低。本试验中取 EPS 含量的最高值为土质量的 4%,采用 $L_{16}(4^5)$ 正交试验表[124-126]。

试验配合比中土的物理性质不受其他因素含量的变化而改变,故取土的质量为 100 作为基本参考量,水泥、EPS 颗粒、含水率分别依据土的质量取相应的百分比。所选用的因素及其水平见表 2-2。聚苯乙烯轻质混合土材料配合比正交试验方案 $L_{16}(4^5)$ 见表 2-3。

表 2-2 正交试验因素水平

水平	因素				
	土	水泥/%	EPS 颗粒/%	含水率/%	空白对照/%
	A	B	C	D	E
1	100	10	1	25	
2	100	20	2	30	
3	100	30	3	35	
4	100	40	4	40	

表 2-3 聚苯乙烯轻质混合土正交试验方案

组号	因素				
	土	水泥	EPS 颗粒	含水率	空白对照
	A	B	C	D	E
1	1	1	1	1	1
2	1	2	2	2	2
3	1	3	3	3	3
4	1	4	4	4	4
5	2	1	2	3	4
6	2	2	1	4	3
7	2	3	4	1	2
8	2	4	3	2	1
9	3	1	3	4	2
10	3	2	4	3	1
11	3	3	1	2	4
12	3	4	2	1	3
13	4	1	4	2	3
14	4	2	3	1	4
15	4	3	2	4	1
16	4	4	1	3	2

2.5 试验结果及分析(重度、抗压强度、导热系数)

2.5.1 基本物理力学性能试验结果

在试验中发现,当 EPS 颗粒含量分别为 3% 和 4% 时,聚苯乙烯轻质混合土试样的质量较轻,也即重度较小,在混合土试件表面可以看到的 EPS 颗粒较多;当 EPS 颗粒含量较高而水泥含量又较低时,在拆模时易黏结在试模上,说明轻质混合土内部结构黏结不够稳定;当 EPS 颗粒含量分别在 1% 和 2% 时,轻质混合土的表面可以看到的 EPS 颗粒较少,甚至完全不见,表面容易抹平。

无侧限抗压强度是试样侧面不受任何约束的条件下能够承受的最大轴向应力,试验方法简单且能够反映试样的强度。聚苯乙烯轻质混合土在无侧限受压破坏时为脆性破坏,主破裂面与水平方向大约呈 45°,如图 2-1 所示。

(a)　　　　　　　　　　　　　　　　(b)

图 2-1　聚苯乙烯轻质混合土试样受压破坏形态

本书以聚苯乙烯轻质混合土 28 d 的抗压强度和干表观密度为衡量指标来考察各因素对材料强度和重度的影响,以抗压强度不小于 1 MPa、重度不大于 12 kN/m³ 为基本要求。按照试验计划表(表 2-3)的 16 组不同配合比,分别做出了 EPS 混合土砌块抗压试验,得到了 16 组不同的试验结果。试验结果如表 2-4 所示。

表 2-4 聚苯乙烯轻质混合土试验结果

组号	编号	质量/kg	平均质量/kg	重度/(kN/m³)	平均重度/(kN/m³)	破坏荷载/kN	平均破坏荷载/kN	抗压强度/MPa
1	1-1	3.370		9.785		16.5		
	1-2	3.345	3.353	9.713	9.737	17.6	17.667	0.785
	1-3	3.345		9.713		18.9		
2	2-1	2.540		7.375		13.7		
	2-2	2.500	2.527	7.259	7.337	15.3	14.567	0.647
	2-3	2.540		7.375		14.7		
3	3-1	1.995		5.793		9.9		
	3-2	2.090	2.033	6.069	5.904	11.4	10.100	0.449
	3-3	2.015		5.851		9.0		
4	4-1	1.775		5.154		11.4		
	4-2	1.865	1.812	5.415	5.261	12.0	11.700	0.520
	4-3	1.795		5.212		11.7		
5	5-1	2.190		6.359		6.5		
	5-2	2.175	2.203	6.316	6.398	7.3	6.900	0.307
	5-3	2.245		6.519		6.9		
6	6-1	2.960		8.595		15.3		
	6-2	2.985	2.942	8.668	8.542	15.8	15.767	0.701
	6-3	2.880		8.363		16.2		
7	7-1	1.900		5.517		13.0		
	7-2	1.930	1.890	5.604	5.488	13.1	11.900	0.529
	7-3	1.840		5.343		9.6		
8	8-1	2.290		6.649		24.0		
	8-2	2.275	2.303	6.606	6.688	25.0	25.167	1.119
	8-3	2.345		6.809		26.5		
9	9-1	1.560		4.530		3.5		
	9-2	1.635	1.657	4.748	4.810	3.7	3.900	0.173
	9-3	1.775		5.154		4.5		

续表2-4

组号	编号	质量/kg	平均质量/kg	重度/(kN/m³)	平均重度/(kN/m³)	破坏荷载/kN	平均破坏荷载/kN	抗压强度/MPa
10	10-1	1.605		4.660		7.0		
	10-2	1.595	1.600	4.631	4.646	7.2	7.100	0.316
	10-3	1.600		4.646		7.1		
11	11-1	3.715		10.787		53.0		
	11-2	3.695	3.672	10.729	10.661	67.7	60.233	2.677
	11-3	3.605		10.468		60.0		
12	12-1	3.155		9.161		49.4		
	12-2	3.095	3.115	8.987	9.045	49.8	53.067	2.359
	12-3	3.095		8.987		60.0		
13	13-1	1.790		5.198		6.0		
	13-2	1.795	1.793	5.212	5.212	6.8	6.400	0.284
	13-3	1.800		5.227		6.4		
14	14-1	2.295		6.664		18.3		
	14-2	2.305	2.287	6.693	6.640	16.3	16.967	0.754
	14-3	2.260		6.562		16.3		
15	15-1	2.520		7.317		21.3		
	15-2	2.500	2.492	7.259	7.235	19.0	19.833	0.881
	15-3	2.455		7.129		19.2		
16	16-1	3.490		10.134		61.5		
	16-2	3.535	3.523	10.265	10.231	62.6	64.533	2.868
	16-3	3.545		10.294		69.5		

　　本试验的目的是取得聚苯乙烯轻质混合土材料抗压强度和重度随EPS颗粒含量、水泥含量、含水率的变化规律,确定强度较大且重度较小的配合比。由表2-3和表2-4可知,试验所配制成的轻质混合土的重度均不大于12 kN/m³,抗压强度大于1 MPa的组是第8、11、12、16组,其组合分别是 $B_4C_3D_2$、$B_3C_1D_2$、$B_4C_2D_1$、$B_4C_1D_3$。

　　试验数据的分析方法有两种:一种是直观分析法;另一种是方差分析法。

2.5.1.1　直观分析与讨论

　　用抗压强度平均值和重度平均值的大小反映同一因素下各水平对试验结果影响的

大小,以此来确定该因素的最佳水平;用同一因素各水平下平均抗压强度的极差值来反映各因素水平变动对试验结果的影响幅度,极差值越大表示该因素水平变动对试验结果的影响越大,反之则越小。

聚苯乙烯轻质混合土抗压强度和重度的极差分析结果见表2-5。

表2-5　极差分析表

指标	因素	K_1	K_2	K_3	K_4	均值 K_1	均值 K_2	均值 K_3	均值 K_4	极差 R
重度	水泥含量	26.158	27.164	29.289	31.224	6.539	6.791	7.322	7.806	1.267
	EPS颗粒含量	39.171	30.015	24.043	20.607	9.793	7.504	6.011	5.152	4.641
	含水率	30.910	29.898	27.179	25.848	7.727	7.475	6.795	6.462	1.266
	空白	28.306	27.866	28.703	28.960	7.077	6.966	7.176	7.240	0.273
抗压强度	水泥含量	1.550	2.418	4.536	6.865	0.387	0.604	1.134	1.716	1.329
	EPS颗粒含量	7.031	4.194	2.495	1.649	1.758	1.049	0.624	0.412	1.346
	含水率	4.427	4.727	3.939	2.276	1.107	1.182	0.985	0.569	0.613
	空白	3.101	4.218	3.793	4.258	0.775	1.054	0.948	1.064	0.289

由表2-5可知,影响重度的主次因素依次为:EPS颗粒含量>水泥含量>含水率,其中EPS颗粒含量是主要的影响因素,水泥含量和含水率对混合土重度的影响较小,且二者对重度的影响相差不大。影响抗压强度的主次因素依次为:EPS颗粒含量>水泥含量>含水率,其中EPS颗粒含量和水泥含量对混合土抗压强度的影响相差不大,是影响砌块抗压强度的主要因素。

（1）各因素对聚苯乙烯轻质混合土重度的影响

各因素对聚苯乙烯轻质混合土材料重度的影响曲线图见图2-2。

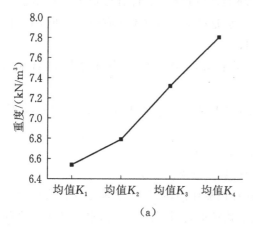

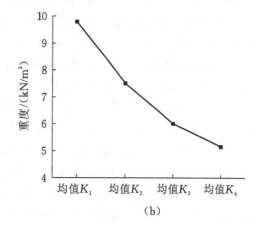

（a）　　　　　　　　　　　　　　　（b）

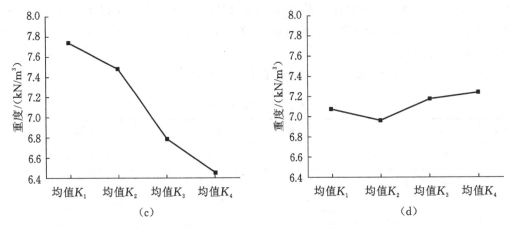

图 2-2 各因素对聚苯乙烯轻质混合土重度的影响

(a)水泥含量对重度的影响；(b)EPS 颗粒含量对重度的影响；(c)含水率对重度的影响 ；(d)空白对照

聚苯乙烯轻质混合土的一个最显著特点就是重度较低,且可以通过改变配合比中各材料的含量在一定范围内调节重度大小。从图 2-2 中可知,总趋势是 EPS 颗粒含量越大,重度越小。

聚苯乙烯泡沫颗粒是一种高分子聚合物,重度小、稳定性好,且具有一定的抗压强度和较高的弹性模量,其密度仅有 0.02~0.04 g/cm³,堆积密度为 0.019 g/cm³ 左右,是土密度的 1/100~1/50[12]。其在聚苯乙烯轻质混合土中最直观的表现就是降低了重度。当在轻质混合土中加入不同比例(以生土质量为标准)的 EPS 颗粒时,其重度变化趋势较明显。从图 2-2(b)中可以看出,EPS 颗粒含量是影响重度的主要因素,其在图中的斜率较大,加入 EPS 颗粒的含量越大,重度越小。

但聚苯乙烯轻质混合土的密度不能无限制地降低,董金梅[14]在使用轻质混合土作为填土材料的研究中表明:EPS 颗粒含量增加 1%,密度会降低 10% 左右,但轻质混合土的最小密度为 0.676 g/cm³ 左右,当密度再接着降低,轻质混合土将难以成型。在本试验中,当 EPS 颗粒含量超过 5% 时,EPS 颗粒过多,水泥水化产物将不能有效地包裹 EPS 颗粒,导致黏结力下降,颗粒间不能形成稳定结构,呈松散状态。

水泥含量对聚苯乙烯轻质混合土重度的影响较大,从图 2-2(a)中可看出,随着水泥含量的增加,轻质混合土的重度逐渐增大。

含水率对聚苯乙烯混合土重度的影响最小,含水率增大,其重度有降低的趋势,但降低的幅度不明显,见图 2-2(c)。

(2) 各因素对聚苯乙烯轻质混合土抗压强度的影响

各因素对聚苯乙烯轻质混合土抗压强度的影响曲线见图 2-3。

水泥含量对提高轻质混合土的抗压强度具有积极作用,水泥在聚苯乙烯轻质混合土中的掺量不大,其水解和水化反应主要围绕生土颗粒进行,搅拌均匀后,水泥和生土之间发生反应硬化后生成聚苯乙烯轻质混合土。水泥在其中所起的作用,就是通过水化、凝

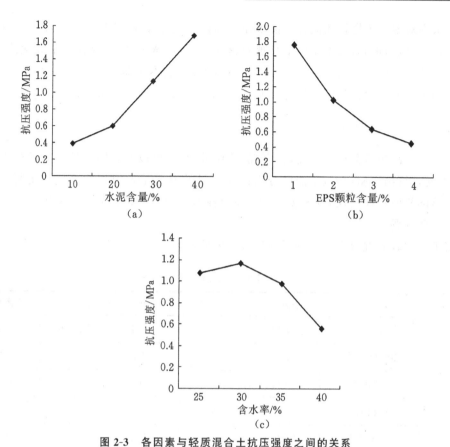

图 2-3 各因素与轻质混合土抗压强度之间的关系

(a)水泥含量与抗压强度;(b)EPS 颗粒含量与抗压强度;(c)含水率与抗压强度

固的作用,将分散的 EPS 和生土颗粒黏结在一起形成整体,共同承受压力[127]。所以水泥的含量越高,水化反应生成的水化物就越多,颗粒表面的水化物膜层就越厚。同时颗粒之间的空隙减少,形成的凝聚物结构紧密,抗压强度也就较高。从图 2-3(a)可以看出:水泥含量最佳水平为 40%。

EPS 颗粒含量越大,则所对应的立方体抗压强度越小。主要是因为随着 EPS 颗粒含量的增加,同体积下的水泥水化物含量减小,包裹 EPS 颗粒间的水化物厚度和水化物的量都减小,从而形成的凝聚物之间黏结力较小,受到外力容易被破坏。由此可以判断,与水泥和土的混合胶结物水泥土相比,EPS 颗粒受力更加容易变形,这也就说明加入了 EPS 颗粒的混合土的抗压强度小于水泥土胶结物的抗压强度。从图 2-3(b)可以看出,EPS 颗粒含量最佳水平为 1%。

聚苯乙烯轻质混合土材料是通过水泥水化物将土与 EPS 颗粒包裹成型,水泥的胶结作用增强了颗粒间的黏结力,随着水泥含量的增加,试样的强度和刚度增加。水泥水化产物是 EPS 混合材料强度的主要来源,同体积下水泥水化物的含量是影响轻质混合土材料抗压强度的最主要因素。

含水率对聚苯乙烯轻质混合土抗压强度的影响远小于 EPS 颗粒含量和水泥含量的影响,由图 2-3(c)可知,含水率既不是越大越好,也不是越小越好,存在一个最优值,使轻质混合土抗压强度值最大。从图 2-3(c)中可以看出:在本试验中含水率为 30% 时最优,但考虑到施工的简易性和轻质混合土流动性,本试验取含水率为 35%。

2.5.1.2 方差分析与讨论

正交试验的极差分析方法简便、直观、计算量较小,可以对各因素的效应进行大小排序,但不便估算出试验误差,不能区分出试验结果的差异是各因素的水平变化所导致还是因试验随机波动而出现,也无法检验试验中各因素的效应是否显著。采用方差分析可以解决这些问题。

聚苯乙烯轻质混合土方差分析的分析结果见表 2-6。

表 2-6 方差分析表

指标	方差来源	平方和	自由度	均方 V	比率 F	显著水平
重度	水泥含量	3.828	3	1.914	22.386	显著
	EPS 颗粒含量	49.583	3	24.792	289.959	高度显著
	含水率	4.133	3	2.067	24.170	显著
	空白对照	0.170	3	0.085		
抗压强度	水泥含量	4.228	3	2.114	19.574	显著
	EPS 颗粒含量	4.229	3	2.115	19.579	显著
	含水率	0.898	3	0.449	4.157	
	空白对照	0.220	3	0.110		

表 2-6 中的方差分析表明,EPS 颗粒含量对聚苯乙烯轻质混合土重度影响非常显著,是影响重度的主要因素,含水率和水泥含量次之;水泥含量和 EPS 颗粒含量对聚苯乙烯轻质混合土的抗压强度影响显著,而含水率的影响较小。

2.5.1.3 最优工程条件下真值变动半径 δ

首先确定最优配合比。由于直观分析最佳结果与计算分析最佳结果在 D 因素上的差距并不太大,D 因素的 $\overline{II}$ 与 $\overline{III}$ 之差是 0.199($\overline{II}$ 为因素 D 水平 2 的平均值,$\overline{III}$ 为因素 D 水平 3 的平均值),所以应该选择第 16 组配合比,但我们还看到第 11 组和第 16 组抗压强度值相差并不是很大,且考虑到墙体保温需要及工程成本,本次试验的最优配合比方案应选为第 11 组[128]。

选取工程条件为第 11 组的 $B_3C_1D_2$,计算其工程平均。首先计算效应:

B_3 效应

$$b_3 = \frac{I\!I\!I_B}{4} - \frac{T}{16} = 1.137 - 0.952 = 0.185$$

C_1 效应

$$c_1 = \frac{I_C}{4} - \frac{T}{16} = 1.758 - 0.952 = 0.806$$

D_2 效应

$$d_2 = \frac{I\!I_D}{4} - \frac{T}{16} = 1.182 - 0.952 = 0.230$$

本次试验 B、C 两个因素是主要因素,所以最优工程条件 $B_3 C_1 D_2$ 的工程平均是:

$$\mu^{B_3 C_1 D_2} = \mu + b_3 + c_1 = 0.952 + 0.185 + 0.806 = 1.943$$

因此,$\mu_{优} = 1.943$。

变动半径 δ_α 的一般公式为:

$$\delta_\alpha = \sqrt{F_\alpha(1, \widetilde{f}_{误}) \frac{\widetilde{S}_{误}}{\widetilde{f}_{误} \cdot n_e}} \tag{2-6}$$

式中:$\widetilde{S}_{误} =$ 不显著因子的变动和 $+ S_{误}$;$\widetilde{f}_{误} =$ 不显著因子自由度之和 $+ f_{误}$;$F_\alpha(1, \widetilde{f}_{误})$ 是相应的 F 临界值;有效重复数 $n_e = \dfrac{数据总数}{1 + 显著因子自由度之和}$。

在本试验中:

$$\widetilde{S}_{误} = S_{误}^{\triangle} = 2.801$$

$$\widetilde{f}_{误} = f_{误}^{\triangle} = 9$$

$$F_{0.05}(1, 9) = 5.12$$

$$n_e = \frac{16}{1 + 6} = 2.286$$

最终得到:

$$\delta_{0.05} = \sqrt{5.12 \times \frac{2.801}{9 \times 2.286}} = 0.835$$

在置信度为 95% 的水平下,如采用配合比 $B_3 C_1 D_2$,$[1.943 - 0.835, 1.943 + 0.835]$ 可视为其真值区间,即 $[1.108, 2.778]$。

2.5.1.4 抗压强度二元线性回归分析

由于含水率因素 D 对轻质混合土抗压强度的影响较小,所以回归分析中不将其作为一个变量加以考虑[129]。为确定 EPS 混合土砌块抗压强度与 EPS 颗粒含量、水泥含量之间是否存在线性关系,做出了如下假设:

（1）线性假设

参照文献[130,131]，暂且假设 EPS 混合土砌块抗压强度与 EPS 颗粒含量和水泥含量之间存在线性关系。假设其线性回归模型为：

$$y = b_0 + b_1 x_1 + b_2 x_2 + e \tag{2-7}$$

式中　y——8 d 抗压强度（MPa）；

　　　b_0, b_1, b_2——回归系数；

　　　x_1——EPS 颗粒含量；

　　　x_2——水泥含量；

　　　e——试验误差。

（2）回归分析的经验公式

可根据点 $(0.785, 1, 10)$、$(0.647, 2, 20)$、$(0.449, 3, 30)$、$(0.520, 4, 40)$、$(0.307, 2, 10)$、$(0.701, 1, 20)$、$(0.529, 4, 30)$、$(1.119, 3, 40)$、$(0.173, 3, 10)$、$(0.316, 4, 20)$、$(2.677, 1, 30)$、$(2.359, 2, 40)$、$(0.284, 4, 10)$、$(0.754, 3, 20)$、$(0.881, 2, 30)$、$(2.868, 1, 40)$ 进行线性回归。

将这些数据代入式（2-7），经计算得：

$$y = 0.944 - 0.438 x_1 + 0.0442 x^2 \tag{2-8}$$

这就是二元线性回归经验公式。

（3）回归方程的检验

在根据试验数据拟合回归方程时，我们首先假设了变量 x 与 y 之间存在着线性关系，但这种假设是否成立，就必须通过以下检验加以证实。

相关关系检验：根据回归统计的计算分析，得出该回归方程的复相关系数 $R = 0.840242$，根据相关程度划分，$|R| \geqslant 0.8$，一般称为高度线性相关。说明 EPS 混合土砌块抗压强度、EPS 颗粒含量、水泥含量之间存在着高度的二元线性相关关系。

（4）回归方程的显著性检验——F 检验

取显著性水平为 1%，查 F 分布表得临界值为 $F_{0.01}(2,13) = 6.70$，由表 2-7 可知：

$$F = 15.609 > F_{0.01}(2,13) = 6.70$$

说明回归效果显著。

表 2-7　回归方差分析

	df	SS	MS	F	Sig
回归分析	2	7.747	3.873	15.609	0.00035
残差	13	3.226	0.248	—	—
总计	15	10.973	—	—	—

（5）回归系数的显著性检验——t 检验

表 2-8 显示了 t 检验的 P 值，回归系数 b_1 和 b_2 的 P 值均小于 0.05，说明回归系数是

显著的,即 EPS 颗粒含量和水泥含量是影响 EPS 混合土砌块抗压强度的显著因素。通过以上检验,最终可知:二元线性回归方程式(2-8)是合理的。

表 2-8　t 检验

	Coefficients	标准误差	t-Stat	P-value	Lower 95%	Upper 95%
Intercept	0.9436875	0.413036	2.284759	0.039767	0.0513778	1.83599722
$X1$	-0.438475	0.111387	-3.93648	0.001704	-0.679113	-0.197837
$X2$	0.0441675	0.011139	3.965212	0.001615	0.0201037	0.0682313

2.5.1.5　强度预测

用正交试验结果回归得到的强度预测公式(2-8)对 48 组 EPS 轻质混合土配合比试验进行了预测,结果见表 2-9,误差计算公式为:

$$误差 = \frac{f'_{cu} - f_{cu}}{f_{cu}}$$

从表中可以看出,预测精度较高,基本能够满足工程的实际需要[129]。

表 2-9　预测值与试验值的比较

序号	实测强度 f_{cu}/MPa	预测强度 f'_{cu}/MPa	误差	序号	实测强度 f_{cu}/MPa	预测强度 f'_{cu}/MPa	误差
1	0.733	0.754	0.0286	15	0.307	0.357	0.1629
2	0.782	0.721	-0.0780	16	0.680	0.596	-0.1235
3	0.840	0.786	-0.0643	17	0.702	0.714	0.0171
4	0.609	0.663	0.0887	18	0.720	0.754	0.0472
5	0.680	0.627	-0.0779	19	0.578	0.628	0.0865
6	0.653	0.610	-0.0659	20	0.582	0.613	0.0533
7	0.440	0.432	-0.0182	21	0.427	0.447	0.0468
8	0.507	0.479	-0.0552	22	1.067	0.985	-0.0769
9	0.400	0.471	0.1775	23	1.111	1.032	-0.0711
10	0.507	0.520	0.0256	24	1.178	1.067	-0.0942
11	0.533	0.514	-0.0357	25	0.156	0.258	0.6538
12	0.520	0.640	0.2308	26	0.164	0.179	0.0915
13	0.289	0.309	0.0692	27	0.200	0.231	0.1550
14	0.324	0.333	0.0278	28	0.311	0.321	0.0322

续表2-9

序号	实测强度 f_{cu}/MPa	预测强度 f'_{cu}/MPa	误差	序号	实测强度 f_{cu}/MPa	预测强度 f'_{cu}/MPa	误差
29	0.320	0.310	−0.0313	39	0.285	0.307	0.0772
30	0.316	0.322	0.0190	40	0.813	0.784	−0.0357
31	2.356	2.789	0.1838	41	0.724	0.751	0.0373
32	3.009	2.841	−0.0558	42	0.724	0.735	0.0152
33	2.667	2.659	−0.0030	43	0.947	0.905	−0.0444
34	2.196	2.347	0.0688	44	0.844	0.821	−0.0273
35	2.213	2.214	0.0005	45	0.853	0.794	−0.0692
36	2.667	2.456	−0.0791	46	2.733	2.940	0.0757
37	0.267	0.317	0.1873	47	2.782	2.816	0.0122
38	0.302	0.312	0.0331	48	3.089	2.889	−0.0648

综上可知,在轻质混合土中,水泥和土的混合浆体起着润滑和黏结的作用,便于轻质混合土浇筑施工,EPS颗粒有降低混合土密度的作用,水泥和土硬化后,将松散的EPS颗粒凝结成整体,形成聚苯乙烯轻质混合土,水泥水化物的多少决定了轻质混合土抗压强度的大小。在聚苯乙烯轻质混合土配合比试验方案中,主要因素应选取最好的水平,综合本试验满足要求(重度不大于12 kN/m³,抗压强度不小于1 MPa)的有四组($B_4C_3D_2$、$B_3C_1D_2$、$B_4C_2D_1$、$B_4C_1D_3$),在满足重度要求的条件下,尽可能地提高轻质混合土材料的抗压强度。综合考虑各方面的因素,在本次试验中,EPS颗粒含量取最小值1%,水泥含量取最大值40%,含水率取35%,此时砌块重度为10.231 kN/m³,抗压强度最大为2.868 MPa。

2.5.2 导热系数试验结果

聚苯乙烯轻质混合土导热系数测定试件制作配合比见表2-3,试验计算结果见表2-10。

表 2-10 聚苯乙烯轻质混合土导热系数计算结果

组号	试验编号	实测值				平均值			
		导温系数/ (m²/h)	导热系数/ [W/(m·℃)]	密度/ (kg/m³)	比热/ [J/(kg·℃)]	导温系数/ (m²/h)	导热系数/ [W/(m·℃)]	密度/ (kg/m³)	比热/ [J/(kg·℃)]
1	1-1	0.0026	0.42	962.06	695.41	0.0025	0.42	965.77	729.33
	1-2	0.0025	0.41	942.41	735.12				
	1-3	0.0023	0.42	992.84	757.45				

组号	试验编号	实测值				平均值			
		导温系数/ (m²/h)	导热系数/ [W/(m·℃)]	密度/ (kg/m³)	比热/ [J/(kg·℃)]	导温系数/ (m²/h)	导热系数/ [W/(m·℃)]	密度/ (kg/m³)	比热/ [J/(kg·℃)]
2	2-1	0.0022	0.36	741.20	927.63	0.0020	0.36	731.67	1035.11
	2-2	0.0020	0.36	743.98	1000.31				
	2-3	0.0019	0.37	709.83	1177.39				
3	3-1	0.0019	0.30	591.04	1144.34	0.0017	0.31	589.50	1279.54
	3-2	0.0018	0.32	581.08	1285.88				
	3-3	0.0015	0.31	596.38	1408.41				
4	4-1	0.0017	0.27	542.02	1211.80	0.0017	0.28	543.95	1211.48
	4-2	0.0018	0.28	545.88	1211.16				
	4-3	废							
5	5-1	0.0020	0.34	636.77	1105.47	0.0020	0.34	636.50	1127.33
	5-2	0.0019	0.35	628.45	1225.71				
	5-3	0.0021	0.34	644.28	1050.82				
6	6-1	0.0027	0.38	876.66	672.26	0.0028	0.39	856.22	675.70
	6-2	0.0030	0.39	881.21	616.39				
	6-3	0.0027	0.39	810.80	738.47				
7	7-1	0.0016	0.27	533.13	1307.25	0.0017	0.27	533.05	1286.25
	7-2	0.0017	0.28	532.96	1265.05				
	7-3	废							
8	8-1	0.0018	0.32	650.50	1128.66	0.0019	0.32	665.73	1074.94
	8-2	0.0020	0.33	652.43	1039.65				
	8-3	0.0017	0.30	694.26	1056.50				
9	9-1	0.0018	0.30	472.86	1473.87	0.0020	0.29	472.94	1306.97
	9-2	0.0022	0.28	473.02	1140.07				
	9-3	废							
10	10-1	0.0019	0.25	471.80	1166.19	0.0020	0.26	474.67	1146.13
	10-2	0.0021	0.27	476.22	1128.96				
	10-3	0.0020	0.27	475.98	1143.23				

续表2-10

组号	试验编号	实测值				平均值			
		导温系数/(m²/h)	导热系数/[W/(m·℃)]	密度/(kg/m³)	比热/[J/(kg·℃)]	导温系数/(m²/h)	导热系数/[W/(m·℃)]	密度/(kg/m³)	比热/[J/(kg·℃)]
11	11-1	0.0025	0.44	1100.44	667.23	0.0029	0.45	1064.48	616.66
	11-2	0.0031	0.47	1079.87	578.98				
	11-3	0.0030	0.44	1013.14	603.76				
12	12-1	0.0028	0.39	926.80	628.73	0.0029	0.38	904.26	621.19
	12-2	0.0029	0.37	868.67	609.67				
	12-3	0.0028	0.39	917.33	625.18				
13	13-1	废				0.0019	0.28	519.80	1206.20
	13-2	0.0020	0.26	518.16	1075.85				
	13-3	0.0018	0.30	521.44	1336.56				
14	14-1	0.0017	0.32	674.13	1167.62	0.0020	0.33	664.94	1069.53
	14-2	0.0019	0.34	682.40	1071.55				
	14-3	0.0023	0.34	638.30	969.42				
15	15-1	0.0021	0.36	748.66	940.25	0.0021	0.35	729.55	963.73
	15-2	0.0020	0.34	713.12	974.23				
	15-3	0.0021	0.36	726.88	976.72				
16	16-1	0.0021	0.45	1025.07	865.08	0.0020	0.43	1034.59	872.98
	16-2	0.0022	0.42	995.66	817.43				
	16-3	0.0018	0.43	1083.03	936.44				

注:由于试件厚度较薄,在拆模时易损坏,第4、7、9、13组中各有一试件因破坏而不能测试,试验结果取两个试件的平均值。

由表2-10可知,聚苯乙烯轻质混合土材料的导热系数均小于0.5 W/(m·℃),且总体趋势为:EPS颗粒含量越大,密度越小,导热系数越小,围护结构保温性能也越好。这也说明了聚苯乙烯的保温性能远高于土,导热系数随密度变化的散点图见图2-4。

由上可知,导热系数随密度的增大而增大,密度相差不大的聚苯乙烯轻质混合土材料其导热系数值也接近。由EPS颗粒含量对聚苯乙烯轻质混合土重度的影响可知,当EPS颗粒含量越大,其密度越小,材料内部的孔隙率也越大,EPS颗粒内部有大量的空腔,使其导热系数只有0.033~0.047 W/(m·℃)。由此可知,材料内部空隙使其密度减小,从而影响导热系数。

通过16组聚苯乙烯轻质混合土导热系数测定试验发现,其导热系数均小于目标值[0.5 W/(m·℃)],满足要求。

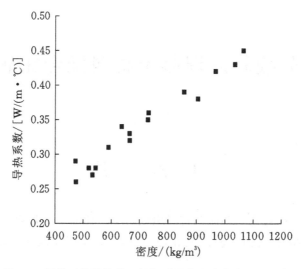

图 2-4　导热系数随聚苯乙烯轻质混合土密度变化的散点图

2.6　本　章　小　结

（1）聚苯乙烯轻质混合土材料的重度（轻质的特性）主要取决于 EPS 颗粒的含量。EPS 颗粒含量越大，重度越小，但不能无限地减小，当 EPS 颗粒含量增大到一定程度时，水泥浆体在混合材料中所起到的黏结力和凝聚作用将减小，混合材料将呈松散状态，很难成型。

（2）水泥含量和含水率对聚苯乙烯轻质混合土重度的影响较小。随着水泥含量的增加，轻质混合土的重度略微增加，但变化趋势不明显；含水率增大，其重度有降低的趋势，但降低的幅度不明显。

（3）聚苯乙烯轻质混合土的抗压强度主要取决于 EPS 颗粒含量和水泥含量的多少，水泥水化物是其强度的主要来源；水泥含量越大，水化产物越多，形成的胶结体越密实，其强度越大；EPS 颗粒含量越大，同体积下水化产物含量越小，其强度越低。

（4）含水率对轻质混合土抗压强度的影响远小于 EPS 颗粒和水泥含量的影响，含水率既不是越大越好，也不是越小越好，存在一个最优值，使抗压强度值最大。当含水率为 30% 时为最优，但考虑到施工的便易性和轻质混合土的流动性，在本试验中取含水率为 35%。

（5）EPS 颗粒含量为影响聚苯乙烯轻质混合土材料导热系数的主要因素，其导热系数随 EPS 颗粒含量的变化而明显变化，EPS 颗粒含量越高，聚苯乙烯轻质混合土材料的重度越小，其导热系数也越小，保温性能也越好。

（6）本次聚苯乙烯轻质混合土配合比方案中，EPS 颗粒含量取最小值 1%，水泥含量取最大值 40%，含水率取 35%，此时砌块重度为 10.231 kN/m³，抗压强度值为 2.868 MPa。

3 外模轻质混凝土材料配合比研究

3.1 概　　述

复合砌块砌体由外模砌块和灌芯材料组成。本章任务主要是以外模材料重度、抗压强度和导热系数为指标,通过试验研究和理论分析,确定轻质陶粒混凝土最佳配合比和制备工艺。

3.2 轻质陶粒混凝土配合比设计

3.2.1 基本原则

外模砌块母体混凝土配合比设计的基本原则就是按所采用的材料,定出既能满足产品的物理力学性能指标、热工性能指标等技术要求,同时又兼顾最佳的经济合理性、工艺操作性的各个组分的用量比例,设计步骤如下:

(1) 按抗压强度、重度的要求,确定胶水比;

(2) 确定胶凝材料品种、强度、质量等级及在混合料中所占的比例;

(3) 按强度、重度、导热系数及工艺要求,确定采用轻集料或超轻集料,若准备采用,应确定其品种、密度、粒径、级配,最后确定出其在混合料中所占的比例;

(4) 按相关规范中的砌块抗渗抗裂性,并查相关文献,确定聚丙烯纤维在混合料中所占比例;

(5) 按松散体积法计算初步配合比;

(6) 以干密度为指标进行校核,调整后得到实验室配合比。

3.2.2 技术参数

根据本项目技术要求,保温复合砌块必须达到以下技术要求:

(1) 干表观密度:干表观密度是配合比设计的基础,各材料的选用及用量均是围绕该指标要求展开的,干表观密度的设计要考虑材料、工艺与设备大致能达到的水平,不能脱离实际的技术情况,本试验外模空心砌块要求单个砌块的干表观密度取值不大于 1200 kg/m³。

(2) 抗压强度:外模空心砌块本身并不是主要承重部位,属于一种强度较低的材料,在强度设计时,应注意与内芯混合土的抗压强度相对应,以满足其围护作用的性能为标准,而不能以密实混凝土为参照去追求不必要的高强度,研究目标使其抗压强度不小于 1 MPa 即可。

(3) 导热系数:导热系数的定义是在稳态传热条件下,1 m 厚的物体两侧表面温度为 1 ℃时,1 h 内通过 1 m² 面积所传递的热量。该指标直接关系到复合保温砌块的保温效果,而陶粒混凝土空心砌块作为其外模,导热系数亦应不大于 0.35 W/(m·K)。

3.2.3 轻质陶粒混凝土立方体抗压强度试验及分析

3.2.3.1 试验材料

水泥:32.5 级复合硅酸盐水泥。
粗集料:乌苏某陶粒厂生产的页岩陶粒,其物理性能指标见表 3-1。
细集料:乌苏某陶粒厂生产的页岩陶砂,其物理性能指标见表 3-2。
粉煤灰:奎屯某电厂生产的 Ⅱ 级灰。
聚丙烯纤维:采用中国纺织科学研究院生产的 CTA 纤维。物理性能指标见表 3-3。
水:清洁自来水。

表 3-1　粗集料的物理性能指标

密度等级	公称粒径/mm	松散堆积密度/(kg/m³)	筒压强度/MPa	1 h 吸水率/%
400	5～16	382	1.1	9.2～12.5

表 3-2　细集料的物理性能指标

密度等级	公称粒径/mm	松散堆积密度/(kg/m³)	细度模数	1 h 吸水率/%
700	0～5	684	3.2	12～15

表 3-3　聚丙烯纤维的物理性能指标

所属类别	密度/(g/cm³)	单丝直径/μm	纤维长度/mm	抗拉强度/MPa	断裂延伸率/%	弹性模量/GPa
单丝纤维	0.91	48	19	450～500	16～18	3.9～4.2

3.2.3.2 试验目的及考核指标

以陶粒混凝土 28 d 抗压强度(不小于 10 MPa)、立方体试块重度(不大于 12 kN/m³)

及导热系数[不大于 0.35 W/(m·K)]作为考核指标,运用正交试验法综合分析配合比对各性能指标的影响规律和显著性,从而确定出最优配合比。

3.2.3.3 正交试验因素水平的选择

将该外模砌块组成材料的聚丙烯用量、粉煤灰取代率、水泥用量及砂率作为试验的影响因素,参照国内外学者对该方面的研究,笔者将因素水平确定为三个水平,采用 $L_9(3^4)$ 正交表,正交试验方案及试验结果见表 3-4。其中,测定集料饱和面干表观密度极为困难,净水灰比不仅与集料含水率有关,也与拌和时的吸水速率有关,因此配合比计算用水灰比颇为困难,按照用水量遵照"手握成团,落地自散"的原则及粗细集料吸水率的不确定性,实际用水量不宜控制;考虑到寒冷地区最大水灰比不超过 0.5[132],超过 0.3 则拌合物明显变差[133]的特点,本试验将净水灰比取定值 0.45。

表 3-4　正交试验方案及试验结果

试件编号		聚丙烯用量(A)/(kg/m³)	粉煤灰取代率(B)/%	水泥用量(C)/(kg/m³)	砂率(D)/%	重度/(kN/m³)	抗压强度/MPa	导热系数/[W/(m·K)]
1	1-1							
	1-2	0.6(1)	15(1)	250(1)	35(1)	10.943	8.074	0.3347
	1-3							
2	2-1							
	2-2	0.6	25(2)	300(2)	40(2)	11.585	11.000	0.3449
	2-3							
3	3-1							
	3-2	0.6	35(3)	350(3)	45(3)	11.086	8.696	0.3385
	3-3							
4	4-1							
	4-2	0.9(2)	15	300	45	11.585	8.978	0.3504
	4-3							
5	5-1							
	5-2	0.9	25	350	35	11.615	10.622	0.3491
	5-3							
6	6-1							
	6-2	0.9	35	250	40	10.726	7.526	0.3111
	6-3							

续表3-4

试件编号		聚丙烯用量(A) /(kg/m³)	粉煤灰取代率(B)/%	水泥用量(C) /(kg/m³)	砂率(D) /%	重度 /(kN/m³)	抗压强度 /MPa	导热系数 /[W/(m·K)]
7	7-1	1.2(3)	15	350	40	11.553	9.096	0.3708
	7-2							
	7-3							
8	8-1	1.2	25	250	45	10.218	7.096	0.3058
	8-2							
	8-3							
9	9-1	1.2	35	300	35	10.662	8.430	0.3219
	9-2							
	9-3							

3.2.3.4 试验方法与过程

本试验采用 150 mm×150 mm×150 mm 试模,按正交试验表 3-4 划分为 9 组,每组 3 个,共 27 个试件。拌制陶粒混凝土时,先将陶粒、陶砂和水泥用电子秤称好干混搅拌,再加入聚丙烯纤维和粉煤灰加水搅拌,搅拌均匀后,将混凝土装入试模中并将其进行机械振动密实,自然养护 28 d 后拆模并进行立方体抗压强度试验,将每组立方体试块放在万能试验机台上,启动试验机并以 4 kN/s 的速度加压,直至试件破坏,试件抗压装置见图 3-1,试件破坏后将油阀关闭并读数,将读数记录在记录本上。重复上述操作直至 9 组试件全部压完为止。试件破坏形态见图 3-2。

图 3-1 试件抗压装置

图 3-2 试件破坏形态

3.2.3.5　试验结果与讨论

（1）极差分析

由表 3-5 可知，在试验因素水平变化范围内，以陶粒混凝土 28 d 抗压强度作为考核指标，各因素影响顺序为水泥用量＞粉煤灰取代率＞聚丙烯用量＞砂率；以陶粒混凝土重度为考核指标，各因素的影响顺序为水泥用量＞粉煤灰取代率＞聚丙烯用量＞砂率；以其导热系数作为考核指标，各因素的影响顺序为水泥用量＞粉煤灰取代率＞砂率＞聚丙烯用量。从上述结果中不难发现，水泥用量是影响抗压强度、重度和导热系数的最关键因素，即水泥用量越大，陶粒混凝土抗压强度越大、重度越大、导热系数越大。

表 3-5　极差分析表

序号	28 d 抗压强度/MPa				重度/(kN/m³)				导热系数/[W/(m·K)]			
	A	B	C	D	A	B	C	D	A	B	C	D
Ⅰ	27.771	26.148	22.695	27.126	33.614	34.080	31.887	33.219	1.018	1.056	0.952	1.006
Ⅱ	27.126	28.719	28.707	27.62	33.627	33.417	33.831	33.864	1.011	1.000	1.017	0.978
Ⅲ	29.257	24.651	28.413	24.771	32.433	32.475	34.254	32.889	0.999	0.972	1.058	0.995
K_1	4.621	8.716	7.565	9.042	11.205	11.360	10.629	11.073	0.339	0.352	0.317	0.335
K_2	9.042	9.573	9.569	9.207	11.209	11.139	11.277	11.288	0.337	0.333	0.339	0.342
K_3	8.207	8.217	9.471	8.257	10.811	10.825	11.418	10.963	0.333	0.324	0.353	0.332
R_f	1.050	1.356	1.906	0.950	0.422	0.535	0.789	0.325	0.006	0.028	0.036	0.010

为了便于分析各因素与两个指标之间的关系，将各因素及水平数据绘成折线数据图，如图 3-3 所示。

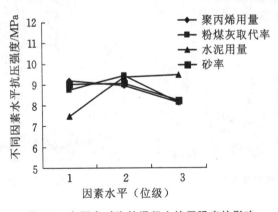

图 3-3　各因素对陶粒混凝土抗压强度的影响

从图 3-3 中可以看出,对于 28 d 抗压强度指标,当聚丙烯用量取 0.6 kg/m³、粉煤灰取代率取 25%、水泥用量取 350 kg/m³、砂率取 35% 时,陶粒混凝土的抗压强度最高,试验的最优配合比方案为 $A_1B_2C_3D_1$。其中,只有水泥用量的水平数逐级上升时,陶粒混凝土的抗压强度才随之递增。

由图 3-4 可知,对于重度指标来说,聚丙烯用量取 1.2 kg/m³,粉煤灰取代率取 35%,水泥用量取 250 kg/m³,砂率取 45% 时,重度最小,试验的最优配合比方案为 $A_3B_3C_1D_3$。其中,水泥用量的变化曲线较其他因素明显,说明水泥用量对陶粒混凝土重度的影响最大。

从图 3-5 中可以看出,当聚丙烯用量取 1.2 kg/m³、粉煤灰取代率取 35%、水泥用量取 250 kg/m³、砂率取 45% 时,导热系数最小,试验的最优配合比方案为 $A_3B_3C_1D_3$,说明重度越小,导热系数越小,两个指标所确定的试验配合比相同。

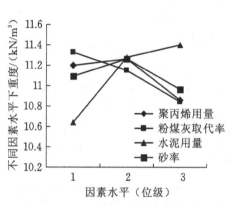

图 3-4 各因素对陶粒混凝土重度的影响

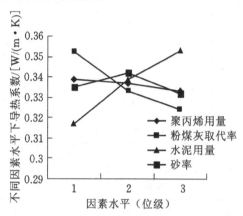

图 3-5 各因素对陶粒混凝土导热系数的影响

由上述图表分析可知,三个指标所对应的最优配合比不同,正交试验组中也没有相对应的配合比,要找出试验的最优配合比,还需做进一步的分析。

(2) 方差分析

28 d 抗压强度的方差分析见表 3-6,结果表明:水泥用量的 F 值为 12.185,$F_{0.05}(2,4)=6.9 \leqslant 12.185 \leqslant F_{0.01}(2,4)=18$,表示水泥用量对陶粒混凝土 28 d 抗压强度有显著的影响。聚丙烯用量为 0.6~1.2 kg/m³、砂率为 35%~45%,其对陶粒混凝土抗压强度的影响程度已被误差淹没,将其归入误差内,从而在配合比设计时可适当调整聚丙烯用量和砂率以满足其他指标的要求。

表 3-6 方差分析表

指标	方差来源	平方和	自由度	均方	F 值	临界值
28 d 抗压强度	水泥用量(C)	12.916	2	6.458	12.185**	$F_{0.01}(2,4)=18.0$
	粉煤灰取代率(B)	2.823	2	1.412	2.664	$F_{0.05}(2,4)=6.9$
	聚丙烯用量(ΔA)	1.846	2	0.923		$F_{0.1}(2,4)=4.3$

续表3-6

指标	方差来源	平方和	自由度	均方	F 值	临界值
28 d抗压强度	砂率(ΔD)	1.546	2	0.773		
	误差 e	2.122	4	0.530		
	总和	17.861	8			
重度	水泥用量(C)	1.055	2	0.528	3.771*	$F_{0.01}(2,6)=10.9$
	粉煤灰取代率(B)	0.390	2	0.195		$F_{0.05}(2,6)=5.1$
	聚丙烯用量(ΔA)	0.304	2	0.152		$F_{0.1}(2,6)=3.3$
	砂率(ΔD)	0.146	2	0.073		
	误差 e	0.84	6	0.140		
	总和	1.895	8			
导热系数	水泥用量(C)	0.00193	2	0.000965	3.697*	$F_{0.01}(2,6)=10.9$
	粉煤灰取代率(ΔB)	0.00130	2	0.00065		$F_{0.05}(2,6)=5.1$
	误差 e	0.00157	6	0.000261		$F_{0.1}(2,6)=3.3$
	总和	0.0035	8			

注:表中带"Δ"符号的因子表示将其变动归入误差,"**"表示该因子对指标有显著影响,"*"表示该因子对指标有一定的影响。

重度的方差分析结果表明:水泥用量的 F 值为 3.771,$F_{0.1}(2,6)=3.3 \leqslant 3.771 \leqslant F_{0.05}(2,6)=5.1$,表示水泥用量对陶粒混凝土重度有一定的影响,其他因子对重度的影响不大。

导热系数的方差分析结果表明:水泥用量的 F 值为 3.697,$F_{0.1}(2,6)=3.3 \leqslant 3.697 \leqslant F_{0.05}(2,6)=5.1$,表示水泥用量对陶粒混凝土导热系数有一定的影响,聚丙烯用量及砂率数值太小,忽略不计。从表3-6中可看出粉煤灰用量对导热系数的影响不是很大。

另外,从表3-6中的均方值也可以看出各因素影响陶粒混凝土 28 d抗压强度、重度和导热系数的主次顺序与直观分析的结果一致。

(3)多指标正交分析——综合平衡法[134]

综合平衡法就是分别把各个指标按单一指标进行分析,找出其因素水平的最优组合,再根据各项指标重要性及其各项指标中因素主次、水平优劣等进行综合平衡,最后确定整体最优组合。

表3-5 的极差分析可作为综合平衡法的初步结果分析,影响 28 d抗压强度、重度和导热系数这三个指标的因素主要是水泥用量,其他因素影响很小,在试验误差范围内可

任意选择。于是可知:水泥用量应取大值,其他因素取小值即可,即配合比的第2组和第5组完全满足要求,考虑到在合理范围内降低水泥用量以节约成本,并根据3个指标的重要性应以抗压强度为主的原则,在符合各指标基本要求下对比两组抗压强度、重度和导热系数的优劣,最终选择第2组,即 $A_1B_2C_2D_2$ 作为本次试验的最优配合比。

3.2.4　结论

(1)正交试验分析表明,不论是以陶粒混凝土 28 d 抗压强度作为指标,还是以重度和导热系数作为指标,水泥用量都是影响三个指标的最主要因素,粉煤灰取代率次之,聚丙烯用量和砂率的影响最小。因此,在进行该新型陶粒混凝土配合比设计时,要着重选取和控制水泥用量。

(2)根据正交试验的方差分析,得出了水泥用量对抗压强度有显著影响、对重度和导热系数有一定影响的结论。通过多指标正交分析并经过比较及对经济性的考虑后,最终确定第2组试验配合比作为该新型陶粒混凝土的最优配合比,即 $A_1B_2C_2D_2$。

3.3　外模砌块配合比设计过程及结果

3.3.1　配合比设计

3.3.1.1　概述

新型陶粒混凝土空心砌块的母体混凝土强度与其块体强度之间存在着一定的关系,本试验要求该空心砌块作为复合砌块的外模,其主要作用是对内芯起圈护作用,承担荷载的主要是内芯。因此,外模的设计强度要求至少不小于 1 MPa,则按文献[135]里轻集料混凝土小型空心砌块强度等级为 MU1.5 来计算。混凝土空心砌块所用母体混凝土的配制强度不能根据砌块的设计强度来确定,此配制强度除了砌块的形状、尺寸这些因素外,还与空心率、养护条件、成型工艺、体形系数等因素和三大力学等内容有关。本试验所制空心砌块为单排双孔,砌块尺寸为 300 mm×190 mm×90 mm,壁厚及肋厚均为30 mm。

3.3.1.2　母体陶粒混凝土的试配强度 R_h

新型陶粒混凝土砌块的母体试配强度可按以下步骤确定:
(1)砌块几何尺寸及参数的计算
外形体积:0.3×0.19×0.09=0.00513 m³。

每立方米块数＝1/0.00513＝195 块。

砌块毛面积＝0.3×0.19＝0.057 m²。

砌块孔洞平面面积＝0.21×0.13＝0.0273 m²。

空心体积＝0.0273×0.09＝0.002457 m³。

空心率＝0.002457/0.00513＝48%。

实心率＝1－48%＝52%。

每块实体体积＝0.00513－0.002457＝0.002673 m³。

每立方米空心砌块用料＝195×0.002673＝0.521 m³。

每立方米新拌料能做的砌块块数＝1/0.002673＝374 块。

（2）计算空心砌块基本强度 R_m

$$R_m＝设计强度×强度换算系数＝1.5×0.057/0.0297＝2.88 \text{ MPa} \tag{3-1}$$

（3）确定成型工艺调整系数 B[136]

空心砌块的强度与其密实度绝对有关，密实度的优劣又与养护条件和成型工艺绝对有关，因此在做配合比设计时，必须考虑成型工艺的调整系数 B。

① 震动加压且蒸汽养护，$B＝1$。

② 震动加压且浇水养护，$B＝1.05$。

③ 震动且浇水养护，$B＝1.15$。

④ 人工捣筑且浇水养护，$B＝1.36$。

本新型陶粒混凝土空心砌块的成型采用震动加压成型及浇水养护，因此取 B 为 1.05。

（4）确定空心率 E 与强度调整系数 M

新型陶粒混凝土空心砌块与普通混凝土空心砌块相似，空心率 E 对块体强度的影响不是斜直线函数的关系，而是变阶的折线函数关系。空心率与强度调整系数见表 3-7。

表 3-7 空心率与强度调整系数 M 查用表

E	0.46	0.47	0.48	0.49	0.50	0.51	0.52	0.53	0.54	0.55
M	1.12	1.14	1.17	1.21	1.26	1.32	1.38	1.47	1.56	1.77

根据前文的计算，新型陶粒混凝土空心砌块的空心率 E 为 0.48，则其强度调整系数取 1.17。

（5）计算试配强度 R_h

因新型陶粒混凝土空心砌块的设计强度要求小于 MU25，因此其标准差按 4 MPa 来计算，则砌块的母体混凝土试配强度为：

$$R_h＝R_m×B×M+1.645\sigma＝2.88×1.05×1.17+1.645×4＝10.12 \text{ MPa} \tag{3-2}$$

其中，σ 为混凝土强度的标准差。

3.3.1.3 根据试配强度 R_h 计算各材料用量

母体混凝土试配强度 R_h 与砌块强度 R 之间的关系式[137]：

$$R = 0.9577R_h - 1.129R_h \times E = 0.9577 \times 10.12 - 1.129 \times 10.12 \times 0.48 = 4.21 \text{ MPa}$$

(3-3)

通过该关系式反算得知，空心砌块的强度为 4.21 MPa，大于设计强度 1.5 MPa，95％的强度保证率绝对满足要求。

(1) 确定每立方米陶粒混凝土的水泥用量 m_c

轻集料混凝土的强度计算公式为[138-139]：

$$R_h - f_T = \left(\frac{11.645m_c}{\rho_h} - 2.107\right)f_c$$

(3-4)

式中　f_T——轻集料筒压强度(本试验用超轻页岩陶粒做粗集料，筒压强度为 1.1 MPa)；

　　　m_c——水泥用量(kg/m³)；

　　　ρ_h——轻集料混凝土干表观密度(取 1100 kg/m³)；

　　　f_c——水泥实际强度(按强度等级＋2.5 MPa 的强度富余系数来考虑)。

当采用 32.5 级复合硅酸盐水泥时，由式(3-4)即可反算出水泥用量为 m_c＝224 kg/m³。考虑掺入取代率为 25％的粉煤灰用量，根据文献[133]中表 5.2.2 的规定及实际所制砌块强度情况，取水泥用量为 350 kg/m³，粉煤灰取代为 350×25％＝87.5 kg/m³，则最终水泥用量为 262.5 kg/m³，符合上式计算用量。

(2) 确定每立方米陶粒混凝土的净用水量

空心砌块成型用的是极干硬性物料，坍落度值一般需控制在 0～10 cm。在可工作的条件下，相当于维勃稠度为 40～50 s，每立方米陶粒混凝土的净用水量根据文献[133]中表 5.2.3 取 150 kg/m³。实际操作时，根据所用物料含水率及可工作度情况进行调整。

(3) 确定每立方米陶粒混凝土的粗细集料用量

采用松散体积法，根据文献[133]查表 5.2.5 可知，粗细集料松散状态的总体积 V_t 宜取 1.35 m³，由于本试验粗集料为椭球状超轻陶粒，细集料为超轻陶砂，砂率范围为 35％～50％，因此宜取砂率范围的下限 S_p＝35％。

陶砂用量

$$m_s = V_t \times S_p \times \rho_s = 1.35 \times 0.35 \times 684 = 323 \text{ kg/m}^3$$

(3-5)

陶粒用量

$$m_a = V_t \times (1 - S_p) \times \rho_a = 1.35 \times (1 - 0.35) \times 382 = 335 \text{ kg/m}^3$$

(3-6)

式中　ρ_s——陶砂松散堆积密度(kg/m³)；

　　　ρ_a——陶粒松散堆积密度(kg/m³)。

(4) 确定聚丙烯掺量

掺入聚丙烯纤维的混凝土小型砌块在硬化前会起到抗裂作用，主要原因是聚丙烯纤维在整体混凝土中是均匀散布的呈三维网络型结构的状态，它支撑粗细集料并阻止它们的沉降,有效防止并抑制了混凝土的离析现象,并有助于减少整体砌块表层裂缝的发生。再者,聚丙烯纤维能承受由于混凝土的收缩而产生的拉应力,减少裂缝的产生与发展,达到了防裂抗渗的效果。在前文进行新型陶粒混凝土最优配合比设计时,确定出的聚丙烯掺量为 0.6 kg/m³,但参照文献[140,141]考虑掺入聚丙烯对新型陶粒混凝土空心砌块的抗裂防渗作用,宜取其用量 0.9 kg/m³ 为其最终聚丙烯掺量。

3.3.1.4 陶粒混凝土干表观密度的校核

按下式对新型陶粒混凝土干表观密度进行校核:

$$\rho_h = 1.15m_c + m_s + m_a = 1.15 \times 350 + 323 + 335 = 1060.5 \text{ kg/m}^3 \qquad (3-7)$$

其中,粉煤灰取代量归为水泥用量计,其值与控制值 1100 kg/m³ 的误差为 3.6%,小于 5%,满足要求。

最终确定出的外模陶粒混凝土空心砌块最优配合比用量如表 3-8 所示。

表 3-8　外模空心砌块最优配合比用量(kg/m³)

聚丙烯纤维	粉煤灰	水泥用量	陶粒用量	陶砂用量	净用水量
0.9	75	225	309	369	244

3.3.2　外模空心砌块基本力学性能试验研究

3.3.2.1　外模空心砌块抗压强度试验研究

(1)试验前的准备

查阅大量相关文献,最终根据混凝土标准砌块 600 mm×400 mm×200 mm,依据实际情况,取用其缩尺模型,再结合一般砌块尺寸模数,最终取本砌块尺寸为 300 mm×190 mm×90 mm。

根据前文确定的最终陶粒混凝土空心砌块母体混凝土最优配合比,与奎屯西郊轻型保温材料厂联合,进行了新型陶粒混凝土空心砌块的试制,砌块尺寸为 300 mm×190 mm×90 mm。由于砌块厂没有该种尺寸的模具,因此本试验组与山东某模具厂联系,试制了该尺寸模具并运至砌块厂。生产砌块所用的机器为宏发牌砌块成型机,其技术指标如下:型号为 QTJ4-35B2,日生产能力 2200~2700 块,装机容量 9.7 kW,成型周期 35 s。试制得到的新型陶粒混凝土砌块见图 3-6。预估所用砌块数,共生产砌块数 2000 块,在砌块生产厂现场指导工人,按照试验所取得的最优配合比进行下料。所有砌块生产好后,如图 3-7 所示放置好,养护 3~4 d 后将砌块垒砌好再养护到一定强度后,运回至实验室。

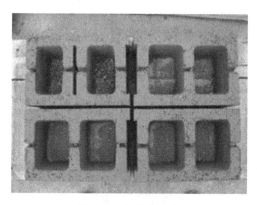

图 3-6 出模的砌块

图 3-7 批量试制好的砌块

（2）试验过程

抗压试件数量为 5 个砌块,处理试件的坐浆面和铺浆面,使之成为互相平行的平面。坐浆面砂浆层处理后,不经静置立即在向上的铺浆面上铺一层砂浆,压上事先涂油的玻璃平板,玻璃平板的厚度不小于 6 mm,平面尺寸应大于 440 mm×240 mm。边压边观察砂浆层,将气泡全部排出,并用水平尺调至水平,直至砂浆层平整且均匀,厚度达 3～5 mm。将多余的砂浆沿试件棱边刮掉,静置 24 h 以后,再按上述方法处理试件的铺浆面。为使两面能彼此平行,在处理铺浆面时,将水平尺置于先已向上的坐浆面上调至水平。在室内养护 3 d 后做抗压强度试验。处理后的抗压砌块见图 3-8。

按照规范试验方法中的尺寸测量方法,测量每个试件的宽度和长度并分别求出试件沿各方向的均值,其数值精确至 1 mm。

将试件放在压力试验机的承压板上,使其轴线与承压板中心重合,以 10～30 kN/s 的速度施加荷载,直至试件被破坏,并将最大破坏荷载 P_u 记录在记录本中。

（3）试验破坏阶段及分析

在试验荷载从零加载直到破坏的过程中,5 个试件均表现为:当试验荷载加到 60 kN 左右的范围时开始出现初始裂缝;达到极限荷载的 20%～45% 时,裂缝开展得较为明显,并且伴有"嘭"的响声,接着经历一小段停滞期,其后又有一段波动不太大的变化期;当达到极限荷载时,裂缝急剧发展直至试件压溃,属于类脆性破坏。空心砌块的破坏形态如图 3-9 所示,试验得到 S-2 试件的力-位移曲线如图 3-10 所示。

试件抗压试验结果如表 3-9 所示。表 3-9 中的抗压强度应按下式计算:

$$f = P_u/(300×190-105×130×2) \tag{3-8}$$

式中 P_u——试件破坏荷载(kN)。

由表 3-9 可知,5 块新型陶粒混凝土砌块的抗压强度均值为 7.74 MPa,最小值为 6.73 MPa,达到了强度等级 MU5 的设计要求。试验结果再次表明,试制砌块的混凝土配合比是合理的。

图 3-8　用砂浆找平后的抗压砌块

图 3-9　试件破坏形态图

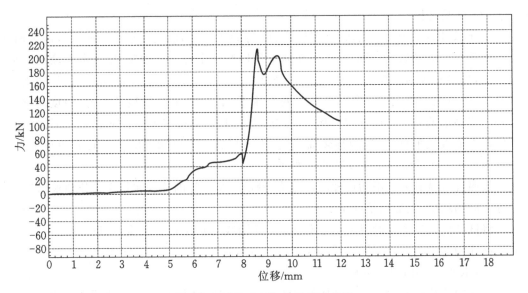

图 3-10　试件 S-2 的力-位移曲线图

表 3-9　砌块的抗压试验结果

试件编号	极限荷载 P_u/kN	抗压强度 f/MPa
S-1	210.3	7.08
S-2	213.0	7.17
S-3	259.5	8.74
S-4	266.9	8.98
S-5	200.0	6.73
平均值	229.9	7.74

3.3.2.2 外模空心砌块抗折强度试验研究

(1) 试验概况

试验前的准备工作与找平抗折砌块两面的方法同抗压砌块相同,这里不再赘述。新型陶粒混凝土空心砌块的抗折强度的测定采用的试件数为 5 块。抗折试验的加荷形式为三点加荷的方式,采用三根直径为 40 mm、长度为 250 mm 的钢棒。抗折支座由安放在底板的两根钢棒组成,其中一根可以自由滚动。试件通过试件顶部的一根钢棒进行加载,具体布置情况见图 3-11。试件编号为 Z-1 至 Z-5。

每块砌块的抗折强度 R 按下式进行计算,精确至 0.1 MPa。

$$R = \frac{3PL}{2BH^2} \tag{3-9}$$

式中 R——抗折强度(MPa);

$\quad\quad P$——最大破坏荷载(N);

$\quad\quad L$——跨距(mm);

$\quad\quad B$——试件宽度(mm);

$\quad\quad H$——试件高度(mm)。

试件破坏形态见图 3-12。

图 3-11 试件的抗折强度试验布置情况

图 3-12 试件破坏形态图

砌块最终抗折试验结果见表 3-10。

表 3-10 砌块的抗折试验结果

试件编号	极限荷载 P_u/kN	抗折强度 R/MPa
Z-1	4.2	1.10
Z-2	6.0	1.58
Z-3	7.6	2.00

续表3-10

试件编号	极限荷载 P_u/kN	抗折强度 R/MPa
Z-4	7.1	1.87
Z-5	7.2	1.89
平均值	6.4	1.69

比较表3-9和表3-10，外模空心砌块抗折强度约为抗压强度的22%，这与普通的混凝土砌块抗折强度（一般约为抗压强度的20%）相符合。陶粒混凝土空心砌块的抗压强度随着抗折强度的提高而提高；抗折强度亦反映出砌块在小砌体中承受复杂应力的能力。

（2）试验结果

① 对批量试制出的砌块随机抽取一组进行其抗压强度试验，5块外模空心砌块的抗压强度平均值为7.74 MPa，最小值为6.73 MPa，试验得到的抗压强度值满足预期要求，因此，制作砌块试件所采用的配合比是可信且合理的。

② 在抗压强度试验的基础上，对其进行了抗折强度试验，通过公式计算得到该外模砌块的抗折强度平均值为1.69 MPa，最小值为1.10 MPa。抗折强度是抗压强度的22%，说明该外模空心砌块抗压强度与抗折强度的比值与普通混凝土空心砌块相符合。

3.4 本章小结

（1）对外模立方体砌块的正交试验分析表明，不论是以陶粒混凝土28 d抗压强度作为指标，还是以重度和导热系数作为指标，水泥用量都是影响三个指标的最主要因素；其他因素影响较小，可忽略。因此，可得出设计外模配合比要着重选取和控制水泥用量这一结论。

（2）根据正交试验的直观和方差分析，得出水泥用量对抗压强度有显著影响，对重度和导热系数有一定影响；通过多指标正交分析并经过比较和对经济性的考虑，最终确定该新型陶粒混凝土的最优配合比为表3-4中的 $A_1 B_2 C_2 D_2$。

（3）对批量试制出的砌块随机抽取一组进行抗压强度试验，由表3-9可知，5块外模空心砌块的抗压强度平均值为7.74 MPa，最小值为6.73 MPa，试验得到的抗压强度满足试验预期要求。因此，制作砌块所采用的陶粒混凝土配合比是合理的。

（4）对批量试制的砌块进行了砌块的抗折强度试验，通过公式计算得到该外模砌块的抗折强度平均值为1.69 MPa，最小值为1.10 MPa。抗折强度是抗压强度的22%，这与普通混凝土砌块抗折强度相符合。

4 复合砌体受压性能试验研究

4.1 概　　述

复合砌体的力学性能与空心砌体或砖砌体不同,复合砌体中的芯柱不仅可以提高砌体的承载力,还可以加强砌体的整体性和连续性,使复合砌体的受力方向性更强,同时芯柱的销栓作用还极大地提高了砌体的抗剪能力。

以轻质混凝土空心砌块做外模,以聚苯乙烯轻质混合土做内芯材料,将聚苯乙烯轻质混合土整体浇筑到空心砌块孔洞中,使所有砌块形成一个整体,使其具有更好的承压、保温、防水等性能,可以在一定程度上防止普通混凝土空心砌体结构"热""裂""漏"的问题。

本章在设计复合砌块材料配合比、计算保温性能的基础上,选取有代表性的几组,通过试验研究了此新型保温轻质复合砌体的受压性能,分析了砂浆和内芯材料对复合砌体抗压强度的影响,为该砌体结构在建筑墙体材料的应用方面提供理论依据。

4.2 空心砌块抗压强度的测定

4.2.1 试件的制作

空心砌块的尺寸为 300 mm×190 mm×90 mm,试验前三天,在空心砌块的上下表面以 1∶3 的砂浆整平。

4.2.2 破坏特征

试验采用分级加载,初始加载值为 20 kN,以后每级 30 kN,每级加荷完后停留 1 min。当加荷到破坏荷载的 70% 左右时,在试件宽侧面出现第一条裂缝,裂缝较细,当破坏时,在窄侧面会出现贯通裂缝,并出现起皮、剥落现象,空心砌块破坏形态见图 4-1。

（a）   （b）

图 4-1 空心砌块受压破坏形态

4.2.3 试验结果

轻质混凝土空心砌块抗压强度实测值见表 4-1。

表 4-1 轻质混凝土空心砌块抗压强度

编号	空心砌块破坏荷载/kN	破坏荷载平均值/kN	抗压强度/MPa
Y-1	210.30		
Y-2	213.00		
Y-3	229.54	216.11	3.791
Y-4	216.96		
Y-5	199.68		
Y-6	227.15		

4.3 复合砌块抗压强度的测定

4.3.1 试件的制作

试件采用三种不同强度的聚苯乙烯轻质混合土（0.701 MPa、1.119 MPa、2.868 MPa），在空心砌块内部分层装入内芯材料，养护至标准龄期。在试验前三天在复合砌块表面以1：3砂浆整平。最后在压力试验机上测其无侧限抗压强度。

4.3.2 试验结果

复合砌块抗压强度试验结果见表 4-2。

表 4-2　复合砌块抗压强度

组号	试件编号	内芯强度/MPa	外模强度/MPa	复合砌块破坏荷载/kN	破坏荷载平均值/kN	抗压强度/MPa
1	F-1	0.701		236.17	235.59	4.133
	F-2			237.13		
	F-3			233.48		
2	F-4	1.119	3.791	241.17	245.93	4.315
	F-5			249.13		
	F-6			247.48		
3	F-7	2.868		288.17	284.67	4.994
	F-8			282.18		
	F-9			283.66		

由表 4-2 可知,复合砌块的抗压强度大于空心砌块,且随内芯强度的增大而增大。相对于空心砌块,复合砌块采用不同强度的内芯,复合砌块抗压强度的增幅分别为 9%、14%、32%。内芯强度从 0.701 MPa 增大到 1.119 MPa,复合砌块抗压强度增幅相对于内芯的增幅为 31%;内芯强度从 1.119 MPa 增大到 2.868 MPa,复合砌块抗压强度增幅相对于内芯的增幅为 42%。随着内芯强度的增加,复合砌块的抗压强度增幅变大,说明在内芯强度小于外模强度时,内芯材料的强度越接近外模的强度,其共同受力性能越好。

4.4　复合砌体设计及制作

受压砌体的尺寸为 300 mm×190 mm×290 mm,高厚比为 1.53。砌体的高度为三皮砌块的高度加灰缝厚度,中间一皮砌块有竖向灰缝。具体尺寸见图 4-2。

试验中抗压试件共 36 个,分为 12 组(每组 3 个),分别采用三种不同抗压强度的内芯(0.701 MPa、1.119 MPa、2.868 MPa)和三种不同强度的砂浆(3.67 MPa、6.70 MPa、10.74 MPa)砌筑,做全面试验。试验因素和水平见表 4-3。

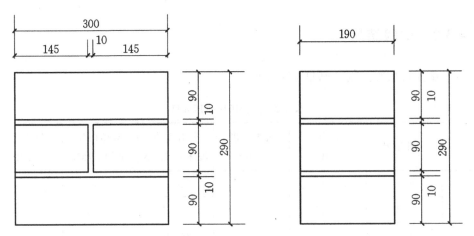

图 4-2　复合砌体尺寸(单位：mm)

表 4-3　试验因素和水平表

水平	因素		
	外模强度/MPa	内芯强度/MPa	砂浆强度/MPa
	A	B	C
1		0.701	3.67
2	3.791	1.119	6.70
3		2.868	10.74

4.5　复合砌体受压性能

4.5.1　试验加载方案

每级的荷载为 20 kN(预估为破坏荷载值的 10%)，并在 1.5 min 内均匀加完，恒荷 1.5 min 后施加下一级荷载。加荷至预估破坏荷载值的 80% 后，按原定加荷速度连续加荷，直至试件破坏。当试件裂缝急剧扩展和增多，试验机的测力数值明显回落时，认定为该试件丧失承载能力而达到破坏状态，其最大荷载读数为该试件的破坏荷载值[60]。

4.5.2　试件破坏特征

第一阶段:轻质混凝土复合砌体受压过程中,在荷载加载到开裂荷载的70%左右时,在宽侧面的1/4附近先出现裂缝,裂缝较细;而空心砌体在受压过程中,在荷载值达到60%左右时出现第一条裂缝,且第一条裂缝出现在竖向灰缝截面处。这说明相对于复合砌体,空心砌体出现第一条裂缝要比复合砌体的早,裂缝出现的位置不同,表明复合砌体中因芯柱的作用改善了在竖向灰缝截面处应力集中的现象,从另一方面也说明了复合砌体受压时,空心砌块和芯柱共同作用,块体对芯柱有一定的约束作用。此阶段可以认为材料处于弹性阶段。

第二阶段:随着荷载的逐渐增加,第一条裂缝不断发展,深入砌块内部,同时在宽侧面会出现多条裂缝,空心砌体表面的裂缝较少,但主裂缝的宽度和长度均较大;复合砌体表面裂缝较多,随着荷载的增大,裂缝会交错连通,此时荷载不再增加,裂缝也会继续缓慢发展。

第三阶段:在荷载加载至接近破坏荷载时,宽侧面上的主裂缝会快速地加长、变宽,有的会形成贯通裂缝。同时,在窄侧面也会出现裂缝,在达到破坏荷载时,大多会贯通整个试件。一些试件会出现表皮鼓起或剥落掉皮现象。

砌体达到破坏荷载后,随着位移的增加,力逐渐地减小,为延性破坏。典型的力-位移曲线如图4-3所示。

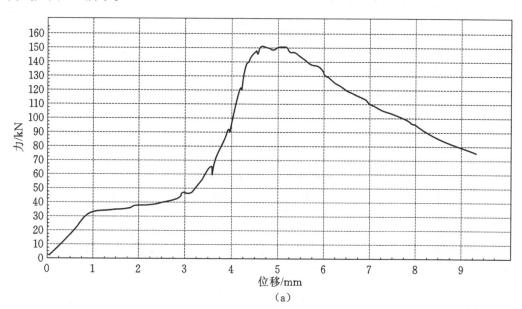

(a)

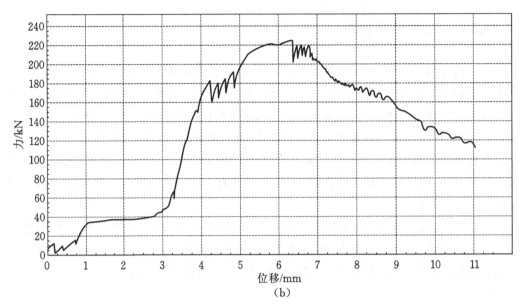

图 4-3　复合砌体力-位移曲线

4.5.3　试验结果及分析

试件的抗压强度由式(4-1)计算：

$$f = N/A \qquad (4-1)$$

式中　f——试件抗压强度(MPa)；

　　　N——试件的抗压破坏荷载(N)；

　　　A——试件的截面面积(mm^2)。

各组试件的抗压强度实测值见表 4-4。

表 4-4　砌体抗压强度测试结果

组号	外模强度/MPa	砂浆强度/MPa	内芯强度/MPa	破坏荷载/kN	抗压强度/MPa
N-1		3.67	—	110.17	1.933
N-2		6.70	—	131.11	2.300
N-3	3.791	10.74	—	137.51	2.412
1		3.67	0.701	142.58	2.501
2		3.67	1.119	155.17	2.722
3		3.67	2.868	212.49	3.728

组号	外模强度/MPa	砂浆强度/MPa	内芯强度/MPa	破坏荷载/kN	抗压强度/MPa
4		6.70	0.701	157.89	2.770
5		6.70	1.119	171.85	3.015
6	3.791	6.70	2.868	230.40	4.042
7		10.74	0.701	161.68	2.836
8		10.74	1.119	177.05	3.106
9		10.74	2.868	233.94	4.104

由表 4-4 可知,空心砌体的强度低于复合砌体的强度,内芯材料对复合砌体抗压强度的贡献大于砂浆。复合砌体抗压强度相对于空心砌体的增幅,当砂浆强度为 3.67 MPa 时分别为 29%、41%、93%;当砂浆强度为 6.70 MPa 时分别为 20%、31%、76%;当砂浆强度为 10.74 MPa 时分别为 18%、29%、70%。由上可知,砌体的抗压强度随砂浆强度的增大而增大,但增幅随砂浆强度的增大而减小。

砌体抗压强度随内芯材料强度的变化如图 4-4 所示。

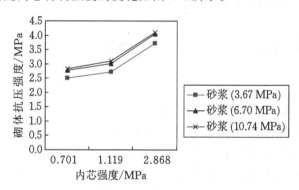

图 4-4　砌体抗压强度随内芯材料强度的变化

内芯材料即聚苯乙烯轻质混合土的抗压强度是决定砌体抗压强度的主要因素,聚苯乙烯轻质混合土抗压强度越大,砌体结构的抗压强度值也越大,且随内芯强度的增加而增幅显著。

对于三种不同的砂浆,砌体强度的增幅与内芯强度的增幅比值:当内芯强度从 0.701 MPa 增加到 1.119 MPa 时分别为 53%、59%、65%;内芯强度从 1.119 MPa 增加到 2.868 MPa 时分别为 58%、59%、57%。

砌体抗压强度随砂浆强度变化如图 4-5 所示。

砂浆强度对砌体抗压强度的影响较内芯强度对砌体抗压强度的影响小,且砂浆强度从 3.67 MPa 增至 6.70 MPa 时砌体抗压强度的增幅与砂浆强度增幅的比值为 9%、10%、

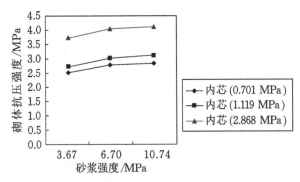

图 4-5　砌体抗压强度随砂浆强度的变化

10%,大于其砂浆强度从 6.70 MPa 增至 10.74 MPa 的 2%、2%、1%。

在本试验中,砂浆强度在小于 6.70 MPa 时,砌体抗压强度随砂浆强度的增幅较砂浆强度大于 6.70 MPa 时明显。由此可知:当砂浆强度较低时,其对砌体结构的抗压强度影响较大,但当砂浆强度增大到一定程度时,随着砂浆强度的增大,砌体结构的抗压强度增幅逐渐减弱。

4.5.4　抗压强度建议计算公式

《砌体结构设计规范》(GB 50003—2011)中规定,空心砌体抗压强度平均值计算公式为:

$$f_{\mathrm{m}} = k_1 f_1^\alpha (1 + \beta \cdot f_2) k_2 \tag{4-2}$$

式中　f_{m}——砌体轴心抗压强度平均值(MPa);

　　　f_1, f_2——块体、砂浆的抗压强度平均值(MPa);

　　　k_2——砂浆强度影响的修正参数,当 f_2 小于 10 MPa 时,取值为 1.0,当 f_2 大于 10 MPa 时,乘以系数($1.1 - 0.01 f_2$);

　　　k_1, α, β——回归系数(与块体类别及砌体类别有关的参数)。

利用 SPSS 软件对试验结果进行回归得 $k_1 = 0.753$、$\alpha = 0.628$、$\beta = 0.039$,以偏于安全性考虑,取值为 $k_1 = 0.73$,$\alpha = 0.60$,$\beta = 0.038$。

对于复合砌体,块体和芯柱有良好的共同工作性能,用叠加法进行计算[60]。抗压强度平均值计算公式采用式(4-3):

$$f_{\mathrm{G,m}} = \theta_1 f_{\mathrm{m}} + \theta_2 \frac{A_{\mathrm{c}}}{A} f_{\mathrm{c,m}} \tag{4-3}$$

式中　$f_{\mathrm{G,m}}$——复合砌体抗压强度平均值(MPa);

　　　f_{m}——空心砌体抗压强度值(MPa);

　　　A_{c}——芯柱截面面积(mm²);

　　　A——砌体截面面积(mm²);

$f_{c,m}$——芯柱轴心抗压强度平均值(MPa)。

θ_1,θ_2——回归系数。

根据试验数据,用 SPSS 对式(4-3)进行回归得 $\theta_1=1.000$、$\theta_2=1.282$;偏于安全取值 $\theta_1=0.96$、$\theta_2=1.24$。

计算结果如表 4-5 所示。

表 4-5 砌体抗压强度计算值和试验值对比

组号	外模强度 /MPa	砂浆强度 /MPa	内芯强度 /MPa	芯柱面积 /mm²	砌体面积 /mm²	空心砌体 计算强度 /MPa	灌芯砌体 计算强度 /MPa	灌芯砌体 试验强度 /MPa
N-1		3.67	—			1.850		1.933
N-2		6.7	—			2.038		2.300
N-3		10.74	—			2.287		2.412
1		3.67	0.701			1.850	2.193	2.501
2		3.67	1.119			1.850	2.441	2.722
3	3.791	3.67	2.868	27300	57000	1.850	3.480	3.728
4		6.70	0.701			2.038	2.372	2.770
5		6.70	1.119			2.038	2.620	3.015
6		6.70	2.868			2.038	3.659	4.042
7		10.74	0.701			2.287	2.612	2.836
8		10.74	1.119			2.287	2.860	3.106
9		10.74	2.868			2.287	3.899	4.104

由表 4-5 可知,采用式(4-2)、式(4-3)所得计算结果,计算结果偏于安全,且和试验结果相符。在本试验中,聚苯乙烯混合土应采用内芯强度较大值 2.868 MPa,砂浆强度取 6.70 MPa 较好。

4.6 本 章 小 结

(1) 根据 12 组试验结果,复合砌体的抗压强度随聚苯乙烯轻质混合土材料和砂浆强度的增大而增大,且内芯材料对复合砌体抗压强度的贡献大于砂浆。

(2) 当聚苯乙烯轻质混合土强度较小时,砌体结构随内芯材料的增大效果不明显,其强度主要由外模砌块提供;当聚苯乙烯轻质混合土强度较大时,砌体结构随内芯材料的增大效果明显,复合砌体的强度由外模和内芯共同提供。

（3）对复合砌体的影响较聚苯乙烯轻质混合土材料小，在砂浆强度低于 6.70 MPa 时对砌体的影响较大，当砂浆强度从 6.70 MPa 增大到 10.74 MPa，复合砌体抗压强度的增幅为 3％左右，说明当砂浆强度增大到一定程度时，其对砌体结构的增幅作用不明显。

（4）聚苯乙烯混合土应采用强度较大的配合比，在本试验中采用 2.868 MPa，砂浆强度取 6.70 MPa 比较经济合算，此时复合砌体的强度为 4.042 MPa，比相同砂浆强度的空心砌体强度增加 76％。

（5）空心砌体和复合砌体的抗压强度公式，建议采用式（4-2）、式（4-3）计算，结果偏于安全。

5 复合砌块小砌体抗剪性能研究

5.1 概　　述

复合砌块小砌体的抗剪强度是砌体结构的基本强度指标,其取值是否合理,直接影响到结构的可靠性。该复合砌块小砌体作为一种新型墙材,迄今为止国内尚未对其砌体基本力学性能的抗剪强度进行系统的试验研究。为了进一步推动墙体材料改革和科研工作的深入开展,积极响应国家墙改政策的号召,对复合砌块小砌体的基本力学性能进行全面系统的试验是十分必要的。由于该复合砌块小砌体是专门为新疆村镇建筑所开发的新型墙体材料,所以要做的工作还有很多。本文主要是对其抗剪强度进行试验研究。

本章主要介绍了对新型复合砌块小砌体在各种影响因素作用下的抗剪试验,了解其在不同砂浆强度、不同内芯配合比、不同灌芯率作用下小砌体的破坏过程、破坏特征及它的极限荷载,最终得出了复合砌块小砌体抗剪试验结果及其力-位移曲线。

5.2　小砌体抗剪性能试验

5.2.1　砂浆试件抗压试验

砂浆试件抗压强度的测定程序按照《建筑砂浆基本性能试验方法标准》(JGJ/T 70—2009)中立方体抗压强度试验的有关规定进行,砂浆试件及砂浆立方体抗压试验如图5-1、图5-2所示。

砂浆试件抗压强度如表5-1所示。砂浆试件是因被压碎而破坏的,试件的破坏形态见图5-3,图5-4、图5-5、图5-6给出了三个砂浆试件的力-位移曲线图形,从曲线中可以看出试件受力在5～40 kN是一段上升期,到40 kN后为一段平缓的曲线,这时力的增幅很小,而位移增加了1.5～3 mm,位移超过2 mm以上后,力逐渐增大至50 kN左右,然后开始逐渐回落,直至跌落到30～40 kN,试件突然被压溃,砂浆试件的破坏形态判定为脆性破坏。

图 5-1 砂浆试件

图 5-2 砂浆立方体抗压试验

表 5-1 砂浆试件抗压强度

序号	试件编号	破坏荷载/kN	抗压强度/MPa	强度均值/MPa
1	M2.5-1	19.11	3.82	
2	M2.5-2	17.57	3.52	3.67
3	M2.5-3	10.47	2.09	
4	M5-1	34.34	6.87	
5	M5-2	30.19	6.04	6.70
6	M5-3	35.94	7.19	
7	M7.5-1	56.59	11.32	
8	M7.5-2	53.33	10.67	10.74
9	M7.5-3	51.14	10.23	

图 5-3 砂浆试件破坏形态

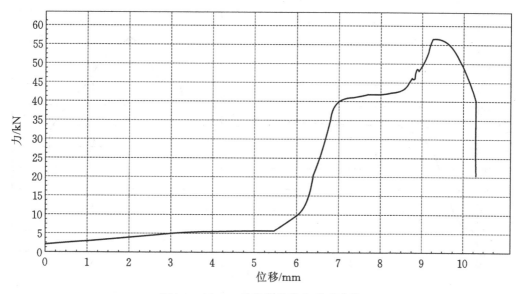

图5-4 M7.5-1 砂浆试件的力-位移曲线

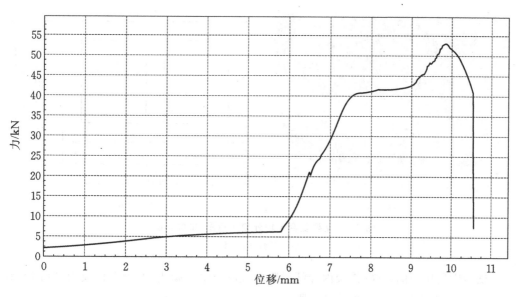

图5-5 M7.5-2 砂浆试件的力-位移曲线

5.2.2 小砌体抗剪试验概况

本试验所用砌块是以其母体混凝土抗压强度、重度、导热系数等技术指标优选出的配合比设计而成,随后对该砌块进行了批量试制。砌块的尺寸为 300 mm×190 mm×90 mm,实物及具体尺寸详见图5-7。

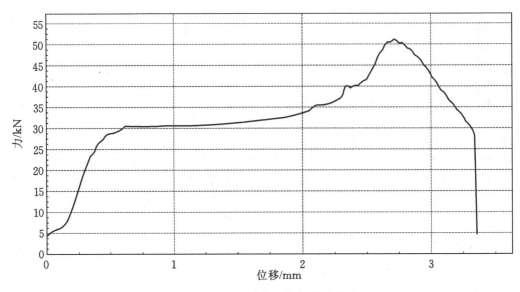

图 5-6 M7.5-3 砂浆试件力-位移曲线

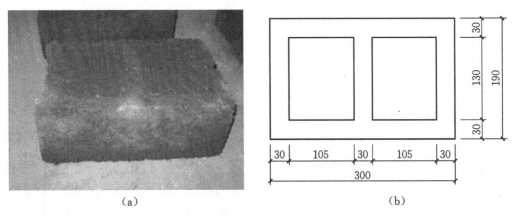

（a） （b）

图 5-7 新型复合砌块外模示意图（单位：mm）

（a）实物；（b）尺寸

试验中所用到的外模（掺聚丙烯纤维陶粒混凝土空心砌块）的配合比及内芯（EPS 轻质混合土）的配合比如表 5-2、表 5-3 所示。

表 5-2 外模配合比

聚丙烯掺量/(kg/m³)	粉煤灰掺量/(kg/m³)	水泥用量/(kg/m³)	砂率/%
0.9	75	225	40

表 5-3 内芯混合土配合比(%)

黏土	水泥用量/(kg/m³)	EPS 轻质混合土用量/(kg/m³)	用水量/(kg/m³)	抗压强度/MPa
100	20	1	40	0.70
100	40	3	30	1.12
100	40	1	35	2.87

为得到小砌体灰缝砂浆的实际强度,按照在试件砌筑时同时制作了三组砂浆试件,测出的实际砂浆强度均值分别为 3.67 MPa、6.7 MPa 和 10.74 MPa。

为与本文抗剪试件做强度对比,还特别制作了一组(共 3 个)烧结黏土砖抗剪试件和一组(共 3 个)混凝土多孔砖抗剪试件。烧结黏土砖的块体强度为 7.89 MPa、砂浆强度为 6.7 MPa;混凝土多孔砖的块体强度为 8.37 MPa,砂浆强度为 6.7 MPa,空心率约为 32%。

5.2.3 试件设计与方法

砌体的抗剪强度试验按实际破坏情况可分为沿通缝抗剪、齿缝抗剪及沿阶梯形截面抗剪。由于实际工程中各种因素的影响,竖向灰缝的砂浆饱满度未能满足要求,并且因砂浆硬化时的收缩而大大削弱甚至破坏竖向灰缝和砌块的黏结。因此,竖向灰缝的黏结强度一般不予考虑,砌体沿通缝截面和沿阶梯形截面的抗剪强度相等。而规范中不区分沿齿缝和通缝截面的抗剪强度,因此本书只对砌体沿通缝截面的抗剪强度进行试验研究。

共进行了 9 组(27 个)不同因素影响下新型复合砌块小砌体抗剪性能试验。试件尺寸采用 290 mm×190 mm×300 mm,试件详细信息见表 5-4。其中,烧结黏土砖的抗剪试件尺寸为 365 mm×240 mm×126 mm,混凝土多孔砖试件的尺寸为 365 mm×240 mm×290 mm。

表 5-4 复合砌块小砌体抗剪试件基本参数

试件编号	外模抗压强度/MPa	砂浆抗压强度/MPa	砌块灌芯率/%	内芯混合土抗压强度/MPa	其他影响因素
S-1	7.74	3.67	100	2.87	Y+加载方式1
S-2	7.74	6.70	100	2.87	Y+加载方式1
S-3	7.74	10.74	100	2.87	Y+加载方式1
S-4	7.74	6.70	0	2.87	Y+加载方式1

续表5-4

试件编号	外模抗压强度/MPa	砂浆抗压强度/MPa	砌块灌芯率/%	内芯混合土抗压强度/MPa	其他影响因素
S-5	7.74	6.70	50	2.87	Y+加载方式1
S-6	7.74	6.70	100	2.87	W+加载方式1
S-7	7.74	6.70	100	0.70	Y+加载方式1
S-8	7.74	6.70	100	1.12	Y+加载方式1
S-9	7.74	6.70	100	2.87	Y+加载方式2

注：表中试件编号 S-1 至 S-9 表示 9 组复合砌块砌体标准抗剪试件；Y 表示考虑初始压应力，W 表示不考虑初始压应力；加载方式 1 为本试验通用的"钢垫条＋钢垫板"加载方式，加载方式 2 为只采用钢垫板的加载方式。

从表 5-4 中可以看出：本试验考虑了三种主要因素和其他两种因素对小砌体抗剪强度的影响，三种主要因素分别是三种不同强度的砂浆（3.67 MPa、6.70 MPa、10.74 MPa）、三种不同的内芯配合比抗压强度（0.70 MPa、1.12 MPa、2.87 MPa）、三种不同的砌块灌芯率（0、50%、100%）。

其他两种因素是考虑不同加载方式和有无初始压应力对砌体抗剪强度的影响。试验通用加载方式采用"钢垫板＋钢垫条"[图 5-8(a)]，顶部在钢板下两侧放置钢垫条，使荷载传递集中在剪切面处[142]。试件 S-9 采用钢垫板的加载方式见图 5-8(b)。

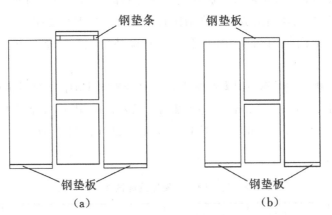

图 5-8　两种不同加载方式
(a)"钢垫条＋钢垫板"加载方式；(b)试件 S-9 采用钢垫板加载方式

试件砌筑完毕后，为使砌体具有初始压应力，应立即在其顶部平压两皮砌块，平压时间为 20 d。其中，S-6 这组试件砌筑完毕后不在其顶部平压砌块，考虑无初始压应力的情况。通过相同条件下与有初始压应力试件（S-2）的对比，研究有无初始压应力对小砌体抗剪强度的影响。

　　试件制作与试验均按照《砌体基本力学性能试验方法标准》(GB/T 50129—2011)的要求进行。试件顶部两皮平压砌块取下后,将试件翻转90°,使原水平灰缝处于上下垂直的方向,用配合比为1:3的水泥砂浆在试件上承压面两个受剪灰缝截面之间抹出一个190 mm×90 mm的受力面;受力面砂浆层厚10 mm,抗剪试件及试验装置如图5-9、图5-10所示。试验在500 t压力试验机上进行,采用以速率控制的匀速、连续加载方式,从加载开始至试件破坏的速率控制在2~5 mm/min,并随着试件的加载情况进行范围内调整。试验过程中,只要有一个受剪面剪坏,即视为破坏,同时记录下破坏荷载值,并描述试件破坏特征。

图5-9　抗剪试件

图5-10　抗剪试验装置

5.2.4　抗剪试验结果分析

5.2.4.1　小砌体抗剪试验结果

　　在本次抗剪试验中,试件从加载到破坏没有明显的预兆,亦未发现试件表面有明显的裂缝开展现象。在荷载加载至试件抗剪承载力极限时,试件的受剪面突然发生破坏,呈现明显的脆性特征。

　　多数试件的破坏发生在一个受剪面上,只有少数试件是双剪破坏。从其破坏荷载反映的情况来看,双剪破坏试件的破坏荷载往往高于单剪试件,如表5-5所示。

　　按照《砌体基本力学性能试验方法标准》[143],单个试件沿通缝截面实测的抗剪强度$f_{v,m}$由式(5-1)求得,试件受剪面尺寸为300 mm×190 mm,结果应精确至0.01 MPa。

$$f_{v,m}=\frac{N_v}{2A} \tag{5-1}$$

式中　　N_v——试件的抗剪破坏荷载值(kN);

　　　　A——试件的一个受剪面的截面面积(mm^2)。

表 5-5 复合砌块小砌体抗剪试验结果及比较

试件编号	试件尺寸 /(mm×mm)	破坏荷载/kN	抗剪强度实测值 $f_{v,m}$/MPa	抗剪强度平均值 /MPa	破坏方式
S-1-1	299×190	49.41	0.44		双剪
S-1-2	301×189	48.85	0.43	0.443	单剪
S-1-3	300×192	52.97	0.46		单剪
S-2-1	300×188	49.11	0.44		单剪
S-2-2	300×191	51.57	0.45	0.453	单剪
S-2-3	301×192	53.97	0.47		双剪
S-3-1	301×191	57.49	0.50		双剪
S-3-2	300×187	56.10	0.50	0.510	单剪
S-3-3	301×190	60.62	0.53		单剪
S-4-1	300×189	14.49	0.13		双剪
S-4-2	299×192	14.35	0.13	0.133	双剪
S-4-3	300×190	15.44	0.14		双剪
S-5-1	300×189	31.54	0.28		单剪
S-5-2	301×190	34.08	0.30	0.283	单剪
S-5-3	300×190	30.37	0.27		单剪
S-6-1	300×191	42.02	0.37		单剪
S-6-2	298×188	32.41	0.29	0.363	单剪
S-6-3	301×191	49.49	0.43		单剪
S-7-1	300×190	27.76	0.24		单剪
S-7-2	298×189	25.42	0.23	0.260	单剪
S-7-3	301×190	35.85	0.31		双剪
S-8-1	299×189	37.93	0.34		单剪
S-8-2	300×190	37.47	0.33	0.333	单剪
S-8-3	300×189	37.55	0.33		单剪

试件编号	试件尺寸 /(mm×mm)	破坏荷载/kN	抗剪强度实测值 $f_{v,m}$/MPa	抗剪强度平均值 /MPa	破坏方式
S-9-1	299×192	40.81	0.36		单剪
S-9-2	301×191	50.58	0.44	0.390	双剪
S-9-3	300×188	41.73	0.37		单剪
Z-1	364×240	18.75	0.159		单剪
Z-2	364×241	20.85	0.177	0.174	单剪
Z-3	365×239	21.73	0.185		单剪
H-1	365×241	52.39	0.299		单剪
H-2	364×240	53.96	0.308	0.308	单剪
H-3	365×243	55.54	0.317		单剪

注:试件编号 Z 表示采用 9 块烧结黏土砖砌筑的砌体抗剪试件,H 表示采用 9 块混凝土多孔砖砌筑的砌体抗剪试件。

5.2.4.2 砂浆强度对复合砌块小砌体抗剪强度的影响

为了便于分析各因素对抗剪强度的影响趋势,将各因素对抗剪强度的影响数据绘成曲线图,其中砂浆强度对小砌体抗剪强度的影响如图 5-11 所示。

由不同砂浆强度的小砌体抗剪试件试验结果分析可知:砂浆强度从 M5 到 M7.5 的变化过程中,小砌体的抗剪强度随砂浆强度的提高而没有明显变化;砂浆强度从 M7.5 变化到 M10 时,小砌体的抗剪强度有较大提高,砂浆为 M10 较砂浆为 M7.5 时的砌体抗剪强度增大了 1.12 倍。由此可知,砂浆强度对小砌体的抗剪强度有一定影响。

5.2.4.3 灌芯率对复合砌块小砌体抗剪强度的影响

如图 5-12 所示,考虑灌芯率对小砌体抗剪强度的影响,从试验结果可以看出:当灌芯率为零时,即主要由灰缝砂浆提供抗剪强度,其抗剪强度均值为 0.133 MPa;当其灌芯率达到 50% 时,其抗剪强度由砂浆和一个孔中的内芯混合土共同承担,抗剪强度提高幅度较大,达到了 0.283 MPa;由于 S-6 抗剪试件考虑了无初始压应力的因素,因此不能将其试验结果与上述两组试件进行比对。由表 5-4 可知,S-2、S-6 和 S-9 这三组试件在砂浆抗压强度、内芯混合土抗压强度和灌芯率方面都是相同的,只是其他两种因素不同。因此,能与前两组不同灌芯率进行同等条件下比对的 100% 灌芯率试件应为 S-2,在这组试件结果中,抗剪强度均值为 0.453 MPa。于是可知:全灌芯比未灌芯试件的抗剪强度增大 3.4 倍。随着灌芯率的不断提高,小砌体的抗剪强度也随之提高,且提高幅度显著。

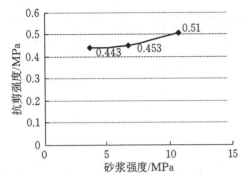

图 5-11　砂浆强度对小砌体抗剪强度的影响　　图 5-12　灌芯率对小砌体抗剪强度的影响

5.2.4.4　内芯配合比强度对复合砌块砌体抗剪强度的影响

如图 5-13 所示,在同一砂浆强度和同一灌芯率下,考虑不同内芯配合比强度的三组试件,由于 S-9 考虑了不同的加载方式,因此,前两组试件应与 S-2 的试验结果进行比较。从试验结果可以看出,内芯配合比强度为 0.7 MPa 的小砌体抗剪强度均值为 0.26 MPa;内芯配合比强度是 1.12 MPa 的小砌体抗剪强度均值为 0.333 MPa;而内芯配合比强度为 2.86 MPa 的小砌体抗剪强度,其均值为 0.453 MPa。由此推断:在其他条件相同的情况下,小砌体抗剪强度值随着内芯混合土抗压强度的提高而提高,且依次呈 1.3 倍左右往上递增。

5.2.4.5　其他两种因素对复合砌块小砌体抗剪强度的影响

如表 5-4 所示,通过 S-6 试件和 S-9 试件考虑了有无初始压应力和不同加载方式对小砌体抗剪强度的影响,S-2 为标准的有初始压应力、加载方式为通用"钢垫条＋钢垫板"加载的试件[图 5-8(a)]。从试验结果来看,有初始压应力的试件(均值为 0.453 MPa)较无初始压应力的试件(均值在 0.363 MPa 左右)小砌体抗剪强度要高,约为其 1.25 倍,说明初始压应力对该复合砌块小砌体的抗剪强度影响较大;加载方式为"钢垫条＋钢垫板"的试件(抗剪强度值为 0.453 MPa)较只采用钢垫板的试件(抗剪强度为 0.39 MPa)的抗剪强度值要高,说明采用本试验的通用加载方式更接近于抗剪真实值且离散性更小。

5.2.4.6　两种常用砖与复合砌块小砌体抗剪强度的对比

本试验还考虑了该新型复合砌块与烧结黏土砖和混凝土多孔砖的抗剪强度试验值对比。

从图 5-14 中可以看出,在其他条件均相同的情况下,本复合砌块小砌体的抗剪强度居于三者中最高。本试验中复合砌块小砌体的抗剪强度实测均值为 0.453 MPa,高于烧结黏土砖的抗剪强度实测均值 0.174 MPa 和混凝土多孔砖的实测均值 0.308 MPa,且分别是二者的 2.6 倍和 1.5 倍,说明本试验的复合砌块小砌体在其抗剪性能方面优于烧结黏土砖和混凝土多孔砖。

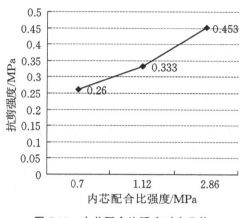

图 5-13 内芯配合比强度对小砌体
抗剪强度的影响

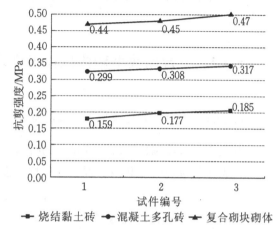

图 5-14 两种常用砖与本试验中砌块
砌体抗剪强度对比

5.2.5 小结

(1) 考虑多种不同因素对复合砌块小砌体抗剪强度的影响,得出了砂浆强度对小砌体抗剪强度有一定影响、砌体抗剪强度随灌芯率和内芯抗压强度的提高而提高的结论,同时考虑了不同加载方式和有无初始压应力对小砌体抗剪强度的影响。结果表明:该试验通用"钢垫条+钢垫板"加载方式优于只采用钢垫板的加载方式,有初始压应力较无初始压应力的砌体抗剪强度为大。

(2) 复合砌块小砌体抗剪试件通过与共同制作的烧结黏土砖和混凝土多孔砖抗剪试件的试验结果进行对比,得出了该砌体抗剪强度分别是烧结黏土砖和混凝土多孔砖砌体抗剪强度的 2.6 倍和 1.5 倍的结论。

5.3 复合砌块小砌体抗剪强度计算方法研究

5.3.1 复合砌块小砌体抗剪强度理论方法

复合砌块是由外模-轻质陶粒混凝土空心砌块和内芯-EPS 轻质混合土两种不同性能的材料组成的复合材料,同现今大多数学者所研究的灌芯砌体一样,其组成材料虽然彼此作用成为一个整体,但在交界面处可以人为地把它们区分出来。霍夫曼强度准则是现阶段计算灌芯砌块小砌体抗剪强度的主要方法。本节将系统地阐述如何应用霍夫曼强度准则推导灌芯砌块小砌体抗剪强度的计算公式,并将所得公式与试验所得结果进行对比分析。

5.3.2 复合砌块小砌体抗剪强度理论公式

5.3.2.1 基于霍夫曼强度准则的抗剪强度计算公式

从复合砌块小砌体灌芯标准试件的抗剪强度试验中可以看出,灌芯砌体的抗剪强度由外模砌体的抗剪强度和内芯混合土的抗剪强度组成,即:

$$f_{vg,m} = f_{v0,m} + f_{v,c} \tag{5-2}$$

式中　$f_{v0,m}$——砌体的抗剪强度(MPa);

$f_{v,c}$——内芯混合土贡献的抗剪强度(MPa)。

轻质混凝土空心砌块砌体的抗剪强度主要是砂浆的抗压强度(f_2)贡献的,即:

$$f_{v0,m} = k_5 \sqrt{f_2} \tag{5-3}$$

根据未灌芯小砌体的抗剪试验结果回归可以得到 $k_5 = 0.08$。

如前所述,灌芯砌块小砌体是复合材料的一种,因此可以运用霍夫曼强度准则来进行分析。霍夫曼强度准则可表示为:

$$K_1(\sigma_x - \sigma_y)^2 + K_2(\sigma_y - \sigma_z)^2 + K_3(\sigma_z - \sigma_x)^2 + K_4\sigma_x + K_5\sigma_y + K_6\sigma_z + K_7\tau_{yz}^2 + K_8\tau_{yx}^2 + K_9\tau_{xz}^2 = 1 \tag{5-4}$$

式中,K_1,K_2,$\cdots$,K_9 表示材料性能的强度参数,由九个基本强度(三个单向拉伸强度 F_{xt}、F_{yt}、F_{zt},三个单向压缩强度 F_{xc}、F_{yc}、F_{zc},三个剪切强度 F_{xy}、F_{yz}、F_{zx})所规定。现将单向拉伸和压缩以及纯剪切时发生破坏的情况加以考察,使式(5-4)中的系数和基本强度之间建立起联系。从式(5-4)得:

$$\left.\begin{array}{ll} (K_1 + K_3)F_{xt}^2 + K_4 F_{xt} = 1 & \text{只有 } \sigma_x \neq 0 \text{ 且 } \sigma_x > 0 \\ (K_1 + K_3)F_{xc}^2 - K_4 F_{xc} = 1 & \text{只有 } \sigma_x \neq 0 \text{ 且 } \sigma_x < 0 \\ (K_2 + K_1)F_{yt}^2 + K_5 F_{yt} = 1 & \text{只有 } \sigma_y \neq 0 \text{ 且 } \sigma_y > 0 \\ (K_2 + K_1)F_{yc}^2 - K_5 F_{yc} = 1 & \text{只有 } \sigma_y \neq 0 \text{ 且 } \sigma_y < 0 \\ (K_2 + K_3)F_{zt}^2 + K_6 F_{zt} = 1 & \text{只有 } \sigma_z \neq 0 \text{ 且 } \sigma_z > 0 \\ (K_2 + K_3)F_{zc}^2 + K_6 F_{zc} = 1 & \text{只有 } \sigma_z \neq 0 \text{ 且 } \sigma_z < 0 \\ K_7 F_{yz}^2 = 1 & \text{只有 } \tau_{yz} \neq 0 \\ K_8 F_{xz}^2 = 1 & \text{只有 } \tau_{xz} \neq 0 \\ K_9 F_{xy}^2 = 1 & \text{只有 } \tau_{xy} \neq 0 \end{array}\right\} \tag{5-5}$$

从中可以得到标准材料性能的基本强度参数 K_1,K_2,$\cdots$,K_9:

$$2K_1 = \frac{1}{F_{xt}F_{xc}} + \frac{1}{F_{yt}F_{yc}} - \frac{1}{F_{zt}F_{zc}}$$

$$2K_2 = \frac{1}{F_{yt}F_{yc}} + \frac{1}{F_{zt}F_{zc}} - \frac{1}{F_{xt}F_{xc}}$$

$$2K_3 = \frac{1}{F_{zt}F_{zc}} + \frac{1}{F_{xt}F_{xc}} - \frac{1}{F_{yt}F_{yc}}$$

$$K_4 = \frac{1}{F_{xt}} - \frac{1}{F_{xc}}$$

$$K_5 = \frac{1}{F_{yt}} - \frac{1}{F_{yc}} \qquad (5\text{-}6)$$

$$K_6 = \frac{1}{F_{zt}} - \frac{1}{F_{zc}}$$

$$K_7 = \frac{1}{F_{yz}^2}$$

$$K_8 = \frac{1}{F_{xz}^2}$$

$$K_9 = \frac{1}{F_{xy}^2}$$

将式(5-6)用于此灌芯砌块小砌体的纯剪,由于剪切面是平面应力的状态($\sigma_z = \tau_{zx} = \tau_{zy} = 0$),且 $y-z$ 平面为各向同性,有:

$$\left. \begin{array}{l} F_{yt} = F_{zt} \\ F_{yc} = F_{zc} \end{array} \right\} \qquad (5\text{-}7)$$

从式(5-4)和式(5-6)可得:

$$\frac{\sigma_x^2 - \sigma_x\sigma_y}{F_{xt}F_{xc}} + \frac{\sigma_y^2}{F_{yt}F_{yc}} - \frac{F_{xc} - F_{xt}}{F_{xt}F_{xc}}\sigma_x + \frac{F_{yc} - F_{yt}}{F_{yt}F_{yc}}\sigma_y + \frac{\tau_{xy}^2}{F_{xy}^2} = 1 \qquad (5\text{-}8)$$

该灌芯砌块小砌体的抗剪试验试件的剪切破坏面类似锯齿形,主要是 EPS 颗粒和混合土表面之间的剥离和脱落。由此可知,内芯混合土在小砌体抗剪时分别在两个方向上受到了拉力和压力的作用,所以内芯混合土的抗剪强度由其抗拉强度和抗压强度所决定。小砌体抗剪得到的内芯混合土的抗剪强度与内芯混合土的纯剪切强度不同,剪拉作用下的砌体强度才是其内芯混合土抗剪强度,这与理想状态下的实际纯剪切强度不太相吻合。

对于内芯混合土的剪切破坏,内芯剪切面上的 σ_x 很小,可认为 $\sigma_x = 0$,则式(5-8)可简化成下式:

$$\frac{\sigma_y^2}{F_{yt}F_{yc}} + \frac{F_{yc} - F_{yt}}{F_{yt}F_{yc}}\sigma_y + \frac{\tau_{xy}^2}{F_{xy}^2} = 1 \qquad (5\text{-}9)$$

令 f_t、f_c、$f_{v0,m}$ 分别为内芯混合土单轴的抗拉强度、抗压强度及抗剪强度,则上式变为:

$$\frac{\sigma_y^2}{f_t f_c} + \frac{f_c - f_t}{f_t f_c}\sigma_y + \frac{\tau_{xy}^2}{f_{v0,m}^2} = 1 \qquad (5\text{-}10)$$

其中,剪应力 τ_{xy} 和垂直正应力 σ_y 较大的位置是内芯混合土破坏的薄弱处,从有限元分析可知,$\sigma_y \approx 0.5 f_t$,将 $\sigma_y \approx 0.5 f_t$ 代入式(5-10),得:

$$\frac{\tau_{xy}^2}{f_{v0,m}^2} = 1 - \frac{\sigma_y^2}{f_t f_c} - \frac{f_c - f_t}{f_t f_c}\sigma_y = \frac{1}{2} + \frac{1}{2}\frac{f_t}{f_c} \qquad (5-11)$$

取 $f_t = 0.1 f_c$,则有:

$$\tau_{xy} = 0.74 f_{v0,m} \qquad (5-12)$$

从式(5-12)可看出,由于拉应力的存在,芯柱混合土的抗剪强度小于纯剪强度。又因为:

$$f_{v0,m} = 0.5\sqrt{f_c f_t} \qquad (5-13)$$

则

$$\tau_{xy} = 0.37\sqrt{f_c f_t} \qquad (5-14)$$

根据相关文献,可知 f_t 和 $\sqrt{f_c}$ 近似成正比,即 $f_t = k\sqrt{f_c}$,故有:

$$\tau_{xy} = kf_c^{0.75} \qquad (5-15)$$

则

$$f_{vg,m} = k_5\sqrt{f_2} + k'f_{cu}^{0.75} \qquad (5-16)$$

其中 $f_c = 0.67 f_{cu}$,k,k',k_5 为相关回归系数。

从理论分析和试验研究可以看出,灌芯砌块小砌体的抗剪强度与砌块灌芯率的关系密切,于是式(5-16)可以变为:

$$f_{vg,m} = k_5\sqrt{f_2} + k''\alpha f_{cu}^{0.75} \qquad (5-17)$$

其中,α 为砌体灌芯率。

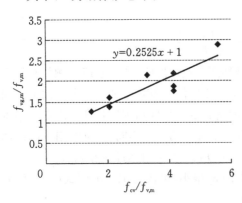

图 5-15 抗剪强度回归直线图

于是,只要确定出 k'',即可得到该复合砌块小砌体抗剪强度的理论计算公式。根据理论分析和所做的抗剪试验结果,为方便图中表示,令 $f_{cv} = 0.25\alpha f_{cu}^{0.75}$、$f_{v,m} = k_5\sqrt{f_2}$,可得到图 5-15 所示的回归直线,并最终得出 $k'' = 0.25$,所以:

$$f_{vg,m} = k_5\sqrt{f_2} + 0.25\alpha f_{cu}^{0.75} \qquad (5-18)$$

式中 f_{cu}——内芯混合土立方体抗压强度平均值(MPa);

f_2——砂浆的抗压强度平均值(MPa);

α——灌芯率(%)。

式中的灌芯率 α 值参照文献[144]应改为 α',即内芯剪切面面积与复合砌块砌体毛面积的比值。图 5-16 为本书试验所用复合砌块小砌体抗剪试件剖面及剪切面断面图。取图 5-16 中阴影部分面积与整个灌孔混凝土面积之比,即可得砌块砌体的剪切面实际抗剪试件面积为灌孔内芯面积的 81%,即 $\alpha' = 0.81\alpha$。

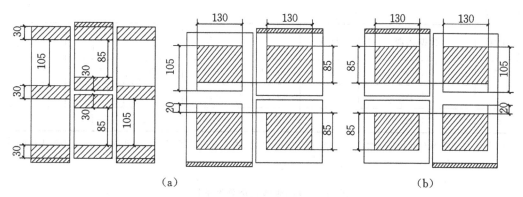

图 5-16 抗剪试件尺寸

(a)试件剖面;(b)左、右剪切面展开处

于是,应用霍夫曼强度准则推导出的抗剪强度理论计算公式为:

$$f_{vg,m1} = k_5 \sqrt{f_2} + 0.25\alpha' f_{cu}^{0.75} \tag{5-19}$$

依据本书推导出的复合砌块小砌体抗剪强度的计算公式,将试验数据代入其中,即可得出其理论结果。

5.3.2.2 理论抗剪强度计算值与试验值结果的比较

现举例几家科研单位(只作参照用)和本书所得出的灌芯砌体抗剪强度试验值 $f_{vg,m}^0$ 与运用霍夫曼强度准则推导出的式(5-19)计算值 $f_{vg,m1}$,见表 5-6、表 5-7。

表 5-6 灌芯砌体抗剪强度分析参数

砌体	数据来源	数量	f_1	f_2	f_{cu}	$\dfrac{A_c}{A}$	$f_{vg,m}^0$
1	湖大[67]	6	13.19	14.88	11.78	0.50	1.66
2	湖大[67]	6	13.19	8.56	22.14	0.50	1.51
3	湖大[67]	6	11.55	18.55	22.14	0.26	1.35
4	辽宁建科院[67]	6	12.0	13.00	16.00	0.26	0.96
5	辽宁建科院[67]	6	19.2	14.70	16.23	0.26	1.02
6	杨伟军[67]	4	12.2	9.97	29.13	0.47	1.89
7	杨伟军[67]	4	12.2	14.04	29.13	0.47	1.96
8	杨伟军[67]	4	12.2	9.97	20.55	0.47	1.62
9	杨伟军[67]	4	12.1	14.04	20.55	0.47	1.72
10	本书	3	7.74	3.67	2.87	0.48	0.443
11	本书	3	7.74	6.7	2.87	0.48	0.453

续表5-6

砌体	数据来源	数量	f_1	f_2	f_{cu}	$\dfrac{A_c}{A}$	$f_{vg,m}^0$
12	本书	3	7.74	10.74	2.87	0.48	0.560
13	本书	3	7.74	6.7	0.70	0.48	0.260
14	本书	3	7.74	6.7	1.12	0.48	0.390

注:表中 f_1 为外模砌块抗压强度; f_2 为砂浆抗压强度; f_{cu} 为内芯抗压强度; A_c/A 为孔洞率; $f_{vg,m}^0$ 为砌体抗剪强度试验值。

表 5-7 灌芯砌体抗剪强度的比较

砌体	$f_{vg,m}^0$	$f_{vg,m1}$	$f_{vg,m1}/f_{vg,m}^0$	$f_{vg,m1}/f_{vg,m}^0$ 平均值	变异系数
湖大	1.66	1.23	0.74		
湖大	1.51	1.17	0.77		
湖大	1.35	1.11	0.82		
辽宁建科院	0.96	0.90	0.94		
辽宁建科院	1.02	0.92	0.90	0.9	0.116
杨伟军	1.89	1.95	1.03		
杨伟军	1.96	2.00	1.02		
杨伟军	1.62	1.52	0.94		
杨伟军	1.72	1.11	0.96		
本书	0.44	0.37	1.20		
本书	0.45	0.42	1.07		
本书	0.56	0.48	1.17	1.06	0.131
本书	0.26	0.28	0.93		
本书	0.39	0.31	0.92		

注: $f_{vg,m}^0$ 为砌体抗剪强度试验值; $f_{vg,m1}$ 为霍夫曼强度准则推导的抗剪强度公式理论计算值。

从表5-7中可以看出,文献[67]提供的资料中,应用霍夫曼强度准则推导出的理论公式的比值为0.9,变异系数为0.116。本文的复合砌块砌体内芯为掺有 EPS 的轻质混合土,其作用效果与内芯为混凝土时有所不同,通过表5-7中本书试验值与理论值的比较可以看出,应用霍夫曼强度准则推导出的理论公式的比值为1.06,变异系数为0.131。对比参照几家科研单位的试验值与应用霍夫曼强度准则推导出的理论值可以看出:该强度准则推导出的理论计算式符合本书内芯为 EPS 轻质混合土的实际情况。根据上面的分析可知,由霍夫曼强度准则这种理论推导出的抗剪强度计算表达式有如下特点:

(1)该表达式具有理论和试验基础;

（2）该表达式形式上简单且连续；

（3）该表达式考虑了影响灌芯砌块小砌体抗剪强度的主要因素，即砂浆强度、灌芯混凝土强度和灌芯率。

5.3.2.3 其他灌芯砌块砌体抗剪强度的确定方法

关于灌芯砌块复合砌体抗剪强度的确定方法，研究成果比较丰富[60,145,146]。

（1）杨伟军[146]在其博士学位论文里利用刚塑性极限分析理论提出了不同于霍夫曼强度准则的公式，其灌芯砌块砌体的抗剪强度表达式为：

$$f_{vg,m} = 0.069\sqrt{f_2} + 0.39\delta\sqrt{f_{cu}} \tag{5-20}$$

（2）施楚贤等人[60]提出用灌芯砌体的抗压强度来表征其抗剪强度，即：

$$f_{vg,m} = \xi\sqrt{f_{g,m}} \tag{5-21}$$

式中　$f_{g,m}$——灌芯砌体抗压强度平均值（MPa）；

　　　ξ——系数，根据所用灌芯砌体材料的不同，系数取值亦不同，可根据试验所得数据进行回归得到。对砌块砌体的灌芯率应不小于33%。

依据对试验所得结果的进一步分析，还可得到其受剪强度近似的换算关系为：

$$f_{vg} = 2.56\sqrt{f_g} \tag{5-22}$$

式中　f_g——试验所得的灌芯砌体抗压强度均值（MPa）。

（3）文献[146]提出的计算公式

芯柱混凝土与砂浆的应变在灌芯砌体开裂之前可被认为是一致的。按剪切模量将芯柱混凝土折算为未灌芯砌体的受剪面积，则砌体的抗剪强度可表述为：

$$f_{vg,m} = (A_c + A_m)f_{v,m} = [(1-\delta) + \alpha\beta\delta]Af_{v,m} \tag{5-23}$$

式中　α——内芯混合土工作系数；

　　　β——内芯混合土抗剪弹性模量与砌体剪切模量之比；

　　　A_c，A_m——灌芯混凝土及未灌芯砌体面积（mm^2）；

　　　δ——空心率（%）；

　　　$f_{v,m}$——单个试件沿通缝截面实测的抗剪强度（MPa）。

对式(5-21)，引入砂浆强度的修正系数，修正后的公式表示为：

$$f_{vg,m} = \xi\eta\sqrt{f_{g,m}} \tag{5-24}$$

式中　η——砂浆强度的修正系数，由砂浆的强度等级确定，或由试验确定，暂可取为1.0～1.5。

5.3.3　复合砌块小砌体抗剪强度理论计算公式

由表5-7中对复合砌块小砌体抗剪强度理论的公式推导及与试验值的互相比较，得出了应用霍夫曼强度准则所推导出的理论计算公式适用于本文这种内芯为EPS轻质混

合土、外模为掺聚丙烯纤维陶粒混凝土轻质空心砌块的新型复合砌块小砌体,于是,该复合砌块小砌体抗剪强度的理论计算公式为:

$$f_{vg,m} = 0.08\sqrt{f_2} + 0.25\alpha' f_{cu}^{0.75} \tag{5-25}$$

式中　$f_{vg,m}$——复合砌块小砌体抗剪强度(MPa);

　　　f_2——砂浆立方体抗压强度(MPa);

　　　f_{cu}——EPS 轻质混合土立方体抗压强度(MPa);

　　　α'——计算后的实际灌芯率(%)。

5.4　本 章 小 结

(1)考虑多种不同因素对复合砌块小砌体抗剪强度的影响,得出了砂浆强度对小砌体抗剪强度有一定影响、砌体抗剪强度随灌芯率和内芯抗压强度的提高而提高的结论。同时考虑了不同加载方式和有无初始压应力对小砌体抗剪强度的影响,结果表明:试验通用"钢垫条+钢垫板"加载方式优于只采用钢垫板的加载方式,有初始压应力较无初始压应力的砌体抗剪强度为大。

(2)复合砌块小砌体抗剪试件通过与共同制作的烧结黏土砖和混凝土多孔砖抗剪试件的试验结果进行对比,得出了该砌体抗剪强度分别是烧结黏土砖和混凝土多孔砖砌体抗剪强度的 2.6 倍和 1.5 倍的结论。

(3)应用霍夫曼强度准则推导了复合砌块小砌体抗剪强度的理论计算公式,利用试验数据对公式系数进行了回归,得出复合砌块小砌体抗剪强度的计算公式为式(5-25)。

(4)通过对理论公式计算值与试验值的比较,得出利用霍夫曼强度准则推导的理论计算公式符合本书的实际情况,所以最终确定了该新型复合砌块小砌体抗剪强度的理论计算公式为式(5-25)。

6 新型复合墙体抗压性能试验研究

6.1 概　　述

本章以 3 种高厚比、2 种外模强度和 3 种内芯强度为影响因素共制作了 13 片新型复合墙体试件。其中,8 片不带构造柱的新型复合墙体试件和 5 片带构造柱的新型复合墙体试件。对不带构造柱与带构造柱新型复合墙体试件进行竖向均布荷载作用下的抗压性能试验,研究内芯强度、高厚比、外模强度和构造柱对墙体的破坏特征、承载力与变形性能等的影响。

6.2　试验概况

6.2.1　试件的设计与制作

本试验以 3 种高厚比、2 种外模强度和 3 种内芯强度为影响因素共制作了 13 片新型复合墙体试件——不带构造柱的新型复合墙体试件 W-1 至 W-8 与带构造柱的新型复合墙体试件 GW-1 至 GW-5,研究该类墙体的受压性能。在新型复合墙体试件制作前,首先浇筑钢筋混凝土底梁。其中,底梁截面尺寸、钢筋用量、混凝土用量均根据课题组前期试验设计进行制作。各新型复合墙体试件顶部均设置轻质保温混凝土圈梁。墙体试件 GW-1 至 GW-5 制作时,两侧设置构造柱,与墙同宽,构造柱钢筋伸入圈梁并与圈梁钢筋绑扎连接。圈梁和构造柱均在砌块砌筑完成后支模板浇捣陶粒混凝土,圈梁和构造柱主筋均采用 4 根直径为 12 mm 的 HRB335 钢筋,箍筋采用 φ6@200 的 HPB300 钢筋,构造柱两端箍筋加密。新型复合墙体试件的基本参数见表 6-1,试件的外形尺寸见图 6-1、图 6-2。根据《砌墙砖试验方法》(GB/T 2542—2012)[147]中的相关规定对新型复合墙体试件进行制作和养护。所有新型复合墙体试件的砌筑工作均由一名中级砌筑工人根据《砌体结构工程施工质量验收规范》(GB 50203—2011)[148]中的相关规定砌筑完成。砂浆、EPS 混合土和陶粒混凝土均为现场拌制。外模根据前期研究选定配合比,由陶粒砌块厂根据课题组提供的尺寸进行工厂制作。内芯为现场灌注,先把 EPS 混合土灌注到每块砌块高度一半处,为保证压实的均匀性,通过手工初步压实,然后再用 15 kg 的重物(重物底部与孔大小一致)将每个孔压实 20 s。砌筑第二排砌块时,仍然是把 EPS 混合土灌注到每块砌块高度一半处,使内芯的施工接缝不发生在砌块与砌块交接处,以保证内芯的整体性。各新型复合墙体试件均在自然条件下养护 28 d 后进行试验。

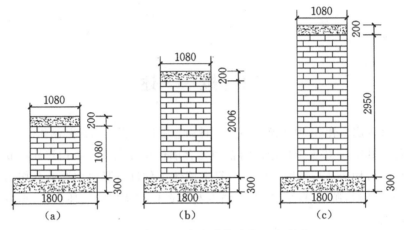

图 6-1　不带构造柱新型复合墙体试件尺寸(单位:mm)

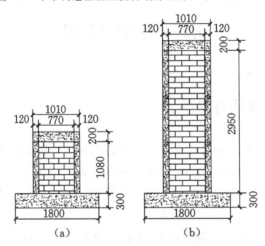

图 6-2　带构造柱新型复合墙体试件尺寸(单位:mm)

表 6-1　新型复合墙体试件的基本参数

试件编号	试件尺寸 /mm	高厚比	外模强度 /MPa	内芯强度 /MPa	构造柱	砂浆强度/ MPa
W-1	1080×1080×200	5.4	2.60	0.88	无	8.14
W-2	1080×1080×200	5.4	2.60	1.66	无	8.14
W-3	1080×1080×200	5.4	2.60	2.48	无	8.14
W-4	1080×1080×200	5.4	4.66	0.88	无	8.14

试件编号	试件尺寸/mm	高厚比	外模强度/MPa	内芯强度/MPa	构造柱	砂浆强度/MPa
W-5	1080×1080×200	5.4	4.66	1.66	无	8.14
W-6	1080×1080×200	5.4	4.66	2.48	无	8.14
W-7	1080×2006×200	10.03	4.66	2.48	无	8.14
W-8	1080×2950×200	14.75	4.66	2.48	无	8.14
GW-1	1080×1080×200	5.4	2.60	0.88	有	8.14
GW-2	1080×1080×200	5.4	2.60	2.48	有	8.14
GW-3	1080×1080×200	5.4	4.66	0.88	有	8.14
GW-4	1080×1080×200	5.4	4.66	2.48	有	8.14
GW-5	1080×2950×200	14.75	4.66	2.48	有	8.14

6.2.2 材料性能

新型复合墙体试件以轻质混凝土空心砌块、EPS混合土、钢筋、砂子、石子、水泥为主要原料砌筑而成。其中,轻质混凝土空心砌块和EPS混合土组成一个整体形成新型复合砌块,该新型复合砌块其构造是在轻质混凝土空心砌块孔内灌注EPS混合土保温材料,使内芯和外模形成一个整体。试验所采用的轻质混凝土空心砌块外模和EPS混合土内芯两种材料,均为课题组前期研究中优选出的配合比设计而成,具体内芯和外模的各组成成分配合比[128,149]见表6-2、表6-3。新型复合砌块的实际尺寸为580 mm×390 mm×190 mm,由于砌块尺寸太大,墙体试件一般按1/2比例制作。制作该新型复合砌块的具体尺寸为300 mm×190 mm×90 mm(图6-3),辅块尺寸为150 mm×190 mm×90 mm。圈梁和构造柱均采用陶粒混凝土浇筑,陶粒混凝土基准配合比见表6-4。

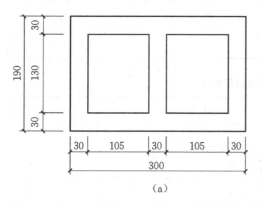
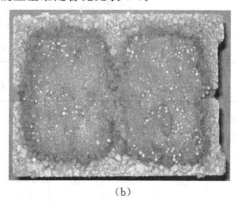

(a)   (b)

图6-3 新型复合砌块示意图(单位:mm)

(a)新型复合砌块外模尺寸;(b)新型复合砌块

在制作新型复合墙体试件的同时,按有关试验标准制作了砌块、EPS 混合土、砂浆、陶粒混凝土试件,与墙体试件同条件养护,在试验的同时进行材料性能试验。其中,制作砌块抗压强度试件 2 组,每组各制作 5 块试件;EPS 混合土抗压强度试件 3 组,每组各制作 5 块试件;砂浆抗压强度试件 1 组,每组各制作 6 块试件;陶粒混凝土抗压强度试件 1 组,每组各制作 6 块试件。试验结果见表 6-5 至表 6-9。试验所用轻质混凝土空心砌块根据《混凝土砌块和砖试验方法》(GB/T 4111—2013)[150]中的相关规定测定其抗压强度。EPS 轻质混合土和陶粒混凝土均根据《混凝土物理力学性能试验方法标准》(GB/T 50081—2019)[151]中的相关规定测定其抗压强度。砌筑砂浆根据《建筑砂浆基本性能试验方法标准》(JGJ/T 70—2009)[152]中的相关规定测定其抗压强度。

表 6-2　内芯各组成成分配合比(%)

编号	土	水泥	EPS 颗粒	含水率	膨胀剂	减水剂
1	100	40	3	30	4	2.5
2	100	40	2	25	4	2.5
3	100	40	1	35	4	2.5

表 6-3　外模各组成成分配合比

编号	水泥用量 /(kg/m³)	聚丙烯纤维掺量 /(kg/m³)	粉煤灰掺量 /(kg/m³)	砂率/%
1	225	0.9	75	40
2	275	0.9	95	40

表 6-4　构造柱和圈梁陶粒混凝土基准配合比

编号	水泥用量 /(kg/m³)	用水量 /(kg/m³)	陶粒用量 /(kg/m³)	干砂用量 /(kg/m³)
1	450	155	395	853

表 6-5　砌块抗压强度

砌块编号	砌块尺寸/mm			砌块抗压强度/MPa					实测强度 /MPa
	长度	宽度	高度	1	2	3	4	5	
1	300	190	90	2.93	2.63	2.37	2.24	2.83	2.60
2				4.67	4.88	4.86	4.23	4.66	4.66

表 6-6 内芯抗压强度

EPS 内芯编号	内芯材料抗压强度/MPa					平均抗压强度/MPa
	1	2	3	4	5	
1	0.84	0.85	0.88	0.90	0.93	0.88
2	1.60	1.62	1.66	1.7	1.72	1.66
3	2.43	2.45	2.53	2.52	2.46	2.48

表 6-7 砂浆抗压强度

砂浆试件编号	1	2	3	4	5	6	平均值
抗压强度/MPa	8.11	8.32	8.21	7.98	8.04	8.17	8.14

表 6-8 陶粒混凝土抗压强度

陶粒混凝土试件编号	1	2	3	4	5	6	平均值
抗压强度/MPa	22.81	21.53	22.14	21.05	21.20	22.07	21.80

表 6-9 底梁混凝土抗压强度

混凝土强度等级	混凝土抗压强度/MPa						实测抗压强度/MPa
	1	2	3	4	5	6	
C30	25.01	30.12	26.67	31.05	29.58	34.20	29.44

依据《砌体基本力学性能试验方法标准》(GB/T 50129—2011)中的相关规定制作了 6 个标准新型复合砌块砌体试件进行抗压试验,试件制作尺寸为 300 mm×190 mm× 290 mm,如图 6-4 所示。新型复合砌块砌体试件分别采用材料性能试验测定的结果,即选用 EPS 混合土抗压强度(0.88 MPa、1.66 MPa、2.48 MPa)和轻质混凝土空心砌块抗压强度(2.60 MPa、4.66 MPa)进行制作,试验结果见表 6-10。新型复合砌块砌体试件采用层层填芯、压实的方法进行制作。试件砌筑于铺有 10 mm 厚 1:3 水泥砂浆找平的刚性垫板上,待试件进行抗压试验前一周对试件上表面采用 10 mm 厚 1:3 水泥砂浆找平并用电子测平仪检查其平整度。所有新型复合砌块砌体试件的砌筑工作均由一名中级砌筑工人根据《砌体结构工程施工质量验收规范》(GB 50203—2011)中的相关规定砌筑完成。

表 6-10 新型复合砌块砌体抗压强度

砌体编号	外模抗压强度/MPa	内芯抗压强度/MPa	抗压承载力/kN	整体抗压强度/MPa
Q-1	2.60	0.88	244.72	2.66
Q-2	2.60	1.66	301.76	3.28

续表6-10

砌体编号	外模抗压强度/MPa	内芯抗压强度/MPa	抗压承载力/kN	整体抗压强度/MPa
Q-3	2.60	2.48	305.44	3.32
Q-4	4.66	0.88	397.44	4.32
Q-5	4.66	1.66	454.48	4.94
Q-6	4.66	2.48	513.36	5.58

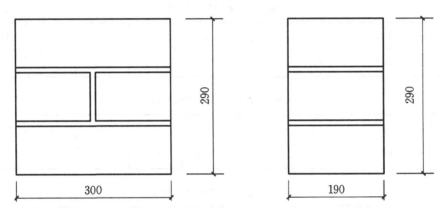

图 6-4　砌体尺寸(单位:mm)

6.2.3　试验加载装置及加载方案

新型复合墙体试件的抗压试验在石河子大学水利建筑工程学院结构实验室的 5000 kN 微机控制电液伺服压力试验机上进行,试验过程中严格按照《砌体基本力学性能试验方法标准》(GB/T 50129—2011)中的相关规定对新型复合墙体试件进行加载。试验时,采用物理对中、分级施加荷载的方法。首先,对新型复合墙体试件进行预加载,加载值为 20 kN,反复预压 3 次。预压完成后,进行正式加载。初始加载阶段,根据规范规定,预估墙体试件的破坏荷载值,根据预估破坏荷载值,在新型复合墙体试件开裂前每级加载 30 kN,并在 1.5 min 内均匀加完,加载后静荷 2 min,以便数据记录和裂缝观察,出现裂缝后改为每级加载 15 kN,直到新型复合墙体试件发生破坏。当新型复合墙体试件裂缝急剧扩展并增多,试验机的测力数明显回落时,认定为该新型复合墙体试件丧失承载能力而达到破坏状态,其最大荷载读数为该新型复合墙体试件的破坏荷载值。

为了更好地观察新型复合墙体试件的裂缝发展情况,试验前一天用白石灰粉刷墙面并进行弹线;为了使新型复合墙体试件均匀受压,采用刚性大梁作为荷载的分配钢梁;为了使新型复合墙体试件与刚性大梁接触良好,进行轴心抗压试验前,在新型复合墙体试

件上表面采用 10 mm 厚湿沙找平并用电子测平
仪检查其平整度。试验加载装置见图 6-5。

6.2.4　试验测试内容

（1）新型复合墙体试件的裂缝情况

新型复合墙体试件进行正式加载时,应仔细
观察和记录试件加载过程中裂缝的开展情况以
及墙体试件破坏时裂缝的分布形式;详细记录初
始裂缝出现的位置,砌块墙体、构造柱和圈梁上
首次出现裂缝的位置以及加载过程中出现的试
验现象;根据试件加载过程中裂缝的开展情况,
在墙体和稿纸上描绘出裂缝发展变化的图形。

（2）新型复合墙体试件的荷载情况

图 6-5　试验加载装置

新型复合墙体试件进行正式加载时,应及时记录墙体试件出现初始裂缝时的荷载
（开裂荷载）,砌块墙体、构造柱和圈梁上首次出现裂缝时的荷载以及墙体试件受压过程
中力-位移曲线到达峰值点时所对应的荷载（极限荷载）。

本试验测点布置主要考虑轴心受压情况下墙体的平面外位移情况以及墙体在轴心
受压下轴向变形情况,在墙体的两宽侧面的上中下位置各布置一个位移计,监测墙体在
轴心受压过程中的变形情况,同时在墙体两侧安放一个位移计来测量墙体的轴心受压位
移情况。墙体变形由位移传感器测量,墙体尺寸、梁配筋图、测点布置及加压装置如图 6-
6 至图 6-8 所示。

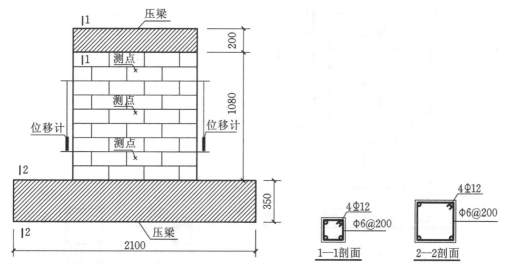

图 6-6　W-1、W-2、W-3、W-4、W-5、W-6 墙体尺寸及梁配筋图（单位:mm）

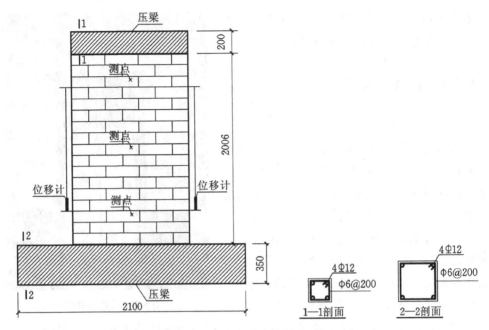

图 6-7　W-7 墙体尺寸及梁配筋图（单位：mm）

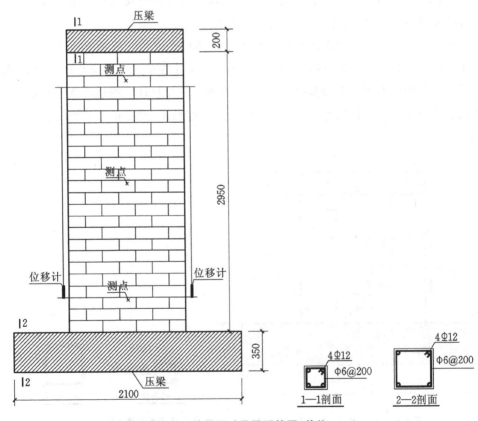

图 6-8　W-8 墙体尺寸及梁配筋图（单位：mm）

6.2.5　试验步骤

（1）按实测砌体强度平均值估算墙体的破坏荷载。

（2）试件外观检查。舍弃有破损、缺角或其他损伤的试块。

（3）在试件的四个侧面上，画出竖向和横向中线。

（4）在试件高度的 1/4、1/2 和 3/4 处，分别测量试件的厚度和宽度，测量精度为 1 mm，测量结果采用平均值。试件的高度应以垫板顶为基准。

（5）试件的安装：先将试件吊起，在垫板下铺一层湿砂，然后置于试验机的压板上，当试验机的上下压板小于试件的尺寸时，应加设刚性垫板；当试件承压面与试验机压板的接触不均匀紧密时，应垫平。试件就位时，使试件四个面的竖向中线对准试验机的轴线，试件的水平方向测定由水平仪完成。

（6）在试件的顶部放置一刚性压梁。仪表安装：当测量试件的轴向变形时，在试件两个宽侧面的竖向中线上，通过黏附于试件表面的表座，安装千分表或其他测量轴向变形的仪表。测点的距离为试件高度的 1/3。当测量试件的轴向变形时，在宽侧面的水平线上安装仪表，测点与试件边缘的距离不小于 50 mm。在试件预估破坏荷载的 5% 范围内，检查仪表的灵敏度和安装的牢固性。

（7）物理对中，在预估破坏荷载值的 5%～20% 区间内，反复预压 3～5 次，两个宽侧面轴向变形的相对误差不超过 10%，当超过时，重新调整试件或垫平试件。

（8）打开试验机，同时调节试验及参数，使试验机保持恒载，采用分级加载，每级荷载为预估破坏荷载的 10%，荷载每升一级，恒载 1～2 min。读完数据，描绘完裂缝开展情况后，继续加载。

（9）记录试件的开裂荷载，当试件加载超过最大承载力进入应力下降阶段后，应变速度逐渐增加。适当减小试验机的加载速度，以降低应变速度，这时迅速读数。

（10）试验过程中，及时观察裂缝的出现、发展和一些特定的现象，并记录相应的荷载。

6.3　试件破坏过程及破坏形态

墙体试件 W-1 至 W-8 与 GW-1 至 GW-5 在整个加载过程中都经历了三个阶段：(1)弹性阶段；(2)裂缝出现及发展阶段；(3)破坏阶段。

6.3.1 W-1 墙体试件破坏过程

6.3.1.1 弹性阶段

试件加载初期,试件的抗压承载力随施加荷载值的均匀增加而快速增加。当施加荷载小于极限荷载的 60％时,试件的压力与位移之间基本呈线性关系,试件开裂前处于弹性阶段。

6.3.1.2 裂缝出现及发展阶段

当施加荷载达到或超过极限荷载的 60％后,试件宽面几皮砌块内部首先出现细小的竖向裂缝(开裂荷载为 166.31 kN)。继续加载后试件宽面细小裂缝不断增多且裂缝在原来基础上逐渐延伸进入几皮砌块内部。随着荷载的继续增加,试件宽面中多条细小裂缝继续延伸、发展形成一段段较连续的主要裂缝。

6.3.1.3 破坏阶段

继续增加荷载,试件中主要裂缝继续向下部延伸且裂缝逐渐贯通、变宽。继续加载后试件宽面靠近边缘处的一条主要竖向裂缝从上至下逐渐贯通且试件宽面的主要竖向裂缝继续变宽。当荷载加载至 276.42 kN 时,裂缝间多皮砌块出现外鼓、表皮脱落现象并伴随有明显的破碎声,试件的抗压承载力迅速下降,发生脆性破坏。试件破坏时,被主要竖向裂缝分割成多条大小各异的竖向小条柱且竖向小条柱被压碎,内芯 EPS 混合土被压酥或压碎,外模轻质混凝土空心砌块外鼓甚至脱落。

W-1 墙体试件轴心受压破坏时的裂缝分布形式如图 6-9 所示,试件加载全过程中的压力-位移曲线如图 6-10 所示。

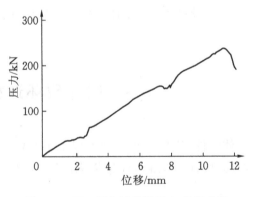

图 6-9　W-1 墙体试件轴心受压破坏时的
　　　　裂缝分布形式

图 6-10　W-1 墙体试件的压力-位移曲线

6.3.2　W-2 墙体试件破坏过程

6.3.2.1　弹性阶段

试件加载初期,试件的抗压承载力随施加荷载值的均匀增加而快速增加。当施加荷载小于极限荷载的 69％时,试件的压力与位移之间基本呈线性关系,试件开裂前处于弹性阶段。

6.3.2.2　裂缝出现及发展阶段

当施加荷载达到或超过极限荷载的 69％后,试件宽面几皮砌块内部首先出现细小的竖向裂缝(开裂荷载为 260.37 kN)。继续加载后试件宽面的细小裂缝不断增多且裂缝在原来基础上逐渐延伸进入几皮砌块内部。继续增加荷载,试件窄面几皮砌块内部也出现了细小的竖向裂缝。随着荷载的继续增加,试件窄面裂缝不断增多且试件中多条细小裂缝继续延伸、发展形成一段段较连续的主要裂缝。

6.3.2.3　破坏阶段

继续增加荷载,试件宽面和窄面的主要裂缝继续向下部延伸且裂缝逐渐贯通、变宽。当荷载加载至 375.54 kN 时,裂缝间多皮砌块出现外鼓、表皮脱落现象并伴随有明显的破碎声,试件的抗压承载力迅速下降,发生脆性破坏。试件破坏时,被主要竖向裂缝分割成多条大小各异的竖向小条柱且竖向小条柱被压碎,内芯 EPS 混合土被压酥或压碎,外模轻质混凝土空心砌块外鼓甚至脱落,试件窄面竖向裂缝宽度最宽达到 4 mm。

W-2 墙体试件轴心受压破坏时的裂缝分布形式如图 6-11 所示,试件加载全过程中的压力-位移曲线如图 6-12 所示。

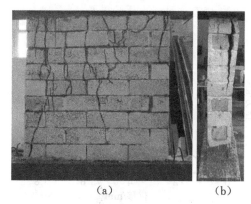

（a）　　　　　　（b）

图 6-11　W-2 墙体试件轴心受压破坏时的
裂缝分布形式

（a）宽面裂缝;（b）窄面裂缝

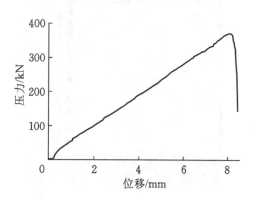

图 6-12　W-2 墙体试件的压力-位移曲线

6.3.3　W-3 墙体试件破坏过程

6.3.3.1　弹性阶段

试件加载初期,试件的抗压承载力随施加荷载值的均匀增加而快速增加。当施加荷载小于极限荷载的 66％时,试件的压力与位移之间基本呈线性关系,试件开裂前处于弹性阶段。

6.3.3.2　裂缝出现及发展阶段

当施加荷载达到或超过极限荷载的 66％后,试件窄面几皮砌块内部首先出现细小的竖向裂缝(开裂荷载为 284.68 kN)。当荷载加载至 312.21 kN 时,试件宽面几皮砌块内部也出现了细小的竖向裂缝。继续加载后试件宽面和窄面细小裂缝不断增多且裂缝在原来基础上逐渐延伸进入几皮砌块内部。随着荷载的继续增加,试件中多条细小裂缝继续延伸、发展形成一段段较连续的主要裂缝。

6.3.3.3　破坏阶段

继续增加荷载,试件宽面和窄面的主要裂缝继续向下部延伸且裂缝逐渐贯通、变宽。继续加载后试件宽面靠近边缘处的一条主要竖向裂缝从上至下逐渐贯通。随着荷载的持续增加,试件窄面中部的一条主要竖向裂缝也从上至下逐渐贯通且试件宽面和窄面的主要竖向裂缝继续变宽。当荷载加载至 428.38 kN 时,裂缝间多皮砌块出现外鼓、表皮脱落现象,并伴随有明显的破碎声,试件的抗压承载力迅速下降,发生脆性破坏。试件破坏时,被主要竖向裂缝分割成多条大小各异的竖向小条柱且竖向小条柱被压碎,内芯 EPS 混合土被压酥或压碎,外模轻质混凝土空心砌块外鼓甚至脱落。

W-3 墙体试件轴心受压破坏时的裂缝分布形式如图 6-13 所示,试件加载全过程中的压力-位移曲线如图 6-14 所示。

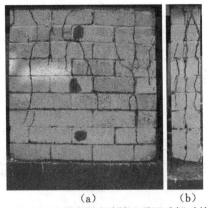

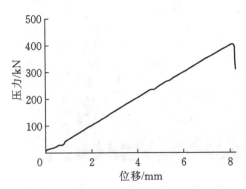

（a）　　　　　（b）

图 6-13　W-3 墙体试件轴心受压破坏时的裂缝分布形式

（a)宽面裂缝;(b)窄面裂缝

图 6-14　W-3 墙体试件的压力-位移曲线

6.3.4　W-4 墙体试件破坏过程

6.3.4.1　弹性阶段

试件加载初期,试件的抗压承载力随施加荷载值的均匀增加而快速增加。当施加荷载小于极限荷载的 68％时,试件的压力与位移之间基本呈线性关系,试件开裂前处于弹性阶段。

6.3.4.2　裂缝出现及发展阶段

当施加荷载达到或超过极限荷载的 68％后,试件宽面几皮砌块内部首先出现细小的竖向裂缝(开裂荷载为 282.07 kN)。继续加载后试件宽面细小裂缝不断增多且裂缝在原来基础上逐渐延伸进入几皮砌块内部。当荷载加载至 315.42 kN 时,试件窄面几皮砌块内部也出现了细小的竖向裂缝,继续加载后试件宽面中多条细小裂缝继续延伸、发展形成一段段较连续的主要裂缝。

6.3.4.3　破坏阶段

继续施加荷载,试件窄面细小裂缝逐渐增多,宽面的主要裂缝继续向下部延伸且裂缝逐渐贯通、变宽。继续加载后试件宽面靠近边缘处的一条主要竖向裂缝从上至下逐渐贯通且试件宽面的主要竖向裂缝继续变宽。当荷载加载至 415.78 kN 时,裂缝间多皮砌块出现外鼓、表皮脱落现象并伴随有明显的破碎声,试件的抗压承载力迅速下降,发生脆性破坏。试件破坏时,被主要竖向裂缝分割成多条大小各异的竖向小条柱且竖向小条柱被压碎,内芯 EPS 混合土被压酥或压碎,外模轻质混凝土空心砌块外鼓甚至脱落。

W-4 墙体试件轴心受压破坏时的裂缝分布形式如图 6-15 所示,试件加载全过程中的压力-位移曲线如图 6-16 所示。

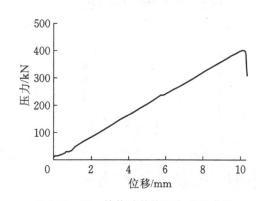

图 6-15　W-4 墙体试件轴心受压
破坏时的裂缝分布形式

图 6-16　W-4 墙体试件的压力-位移曲线

6.3.5　W-5 墙体试件破坏过程

6.3.5.1　弹性阶段

试件加载初期,试件的抗压承载力随施加荷载值的均匀增加而快速增加。当施加荷载小于极限荷载的 67% 时,试件的压力与位移之间基本呈线性关系,试件开裂前处于弹性阶段。

6.3.5.2　裂缝出现及发展阶段

当施加荷载达到或超过极限荷载的 67% 后,试件宽面几皮砌块内部首先出现细小的竖向裂缝(开裂荷载为 345.79 kN)。当荷载加载至 362.15 kN 时,试件窄面几皮砌块内部也出现了细小的竖向裂缝。继续加载后试件宽面细小裂缝不断增多且裂缝在原来基础上逐渐延伸进入几皮砌块内部。随着荷载的继续增加,试件宽面中多条细小裂缝继续延伸、发展形成一段段较连续的主要裂缝。

6.3.5.3　破坏阶段

继续增加荷载,试件窄面细小裂缝逐渐增多,宽面的主要裂缝继续向下部延伸且裂缝逐渐贯通、变宽。继续加载后试件宽面靠近边缘处的一条主要竖向裂缝从上至下逐渐贯通且试件宽面的主要竖向裂缝继续变宽。当荷载加载至 514.90 kN 时,裂缝间多皮砌块出现外鼓、表皮脱落现象并伴随有明显的破碎声,试件的抗压承载力迅速下降,发生脆性破坏。试件破坏时,被主要竖向裂缝分割成多条大小各异的竖向小条柱且竖向小条柱被压碎,内芯 EPS 混合土被压酥或压碎,外模轻质混凝土空心砌块外鼓甚至脱落。

W-5 墙体试件轴心受压破坏时的裂缝分布形式如图 6-17 所示,试件加载全过程中的压力-位移曲线如图 6-18 所示。

图 6-17　W-5 墙体试件轴心受压
破坏时的裂缝分布形式

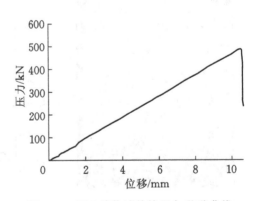

图 6-18　W-5 墙体试件的压力-位移曲线

6.3.6　W-6 墙体试件破坏过程

6.3.6.1　弹性阶段

加载初期,试件的抗压承载力随施加荷载值的均匀增加而快速增加。当施加荷载小于极限荷载的 64％时,试件的压力与位移之间基本呈线性关系,试件开裂前处于弹性阶段。

6.3.6.2　裂缝出现及发展阶段

当施加荷载达到或超过极限荷载的 64％后,试件宽面几皮砌块内部首先出现细小的竖向裂缝(开裂荷载为 397.06 kN)。继续加载后试件宽面其中一面的细小裂缝逐渐斜向发展,另一面则出现多条细小的竖向裂缝。继续增加荷载,试件窄面几皮砌块内部也出现了细小的竖向裂缝。随着荷载的继续增加,试件宽面中多条细小裂缝继续延伸、发展形成一段段较连续的主要裂缝。

6.3.6.3　破坏阶段

继续增加荷载,试件窄面细小裂缝逐渐增多,宽面中一面的斜裂缝、竖向裂缝和另一面的主要裂缝继续延伸且裂缝逐渐贯通、变宽。继续加载后试件宽面靠近边缘处的一条主要竖向裂缝从上至下逐渐贯通。随着裂缝的逐渐扩展,试件宽面一面的主要斜裂缝与主要竖向裂缝相交且试件宽面的主要裂缝继续变宽。当荷载加载至 618.11 kN 时,裂缝间多皮砌块出现外鼓、表皮脱落现象并伴随有明显的破碎声,试件的抗压承载力迅速下降,发生脆性破坏。试件破坏时,被主要竖向裂缝分割成多条大小各异的竖向小条柱且竖向小条柱被压碎,内芯 EPS 混合土被压酥或压碎,外模轻质混凝土空心砌块外鼓甚至脱落,斜裂缝与竖向裂缝相交处的复合砌块的内芯和外模均被压碎。

W-6 墙体试件轴心受压破坏时的裂缝分布形式如图 6-19 所示,试件加载全过程中的压力-位移曲线如图 6-20 所示。

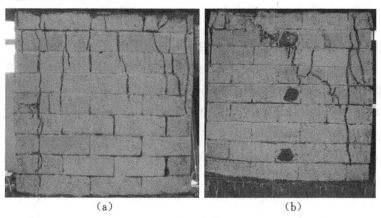

(a)　　　　　　　　　　　(b)

图 6-19　W-6 墙体试件轴心受压破坏时的裂缝分布形式

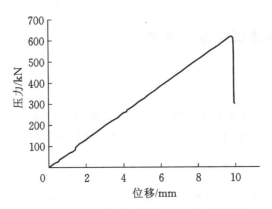

图 6-20　W-6 墙体试件的压力-位移曲线

6.3.7　W-7 墙体试件破坏过程

6.3.7.1　弹性阶段

加载初期,试件的抗压承载力随施加荷载值的均匀增加而快速增加。当施加荷载小于极限荷载的 62% 时,试件的压力与位移之间基本呈线性关系,试件开裂前处于弹性阶段。

6.3.7.2　裂缝出现及发展阶段

当施加荷载达到或超过极限荷载的 62% 后,试件宽面几皮砌块内部首先出现细小的竖向裂缝(开裂荷载为 357.89 kN)。继续加载后试件宽面细小裂缝不断增多且裂缝在原来基础上逐渐延伸进入几皮砌块内部。随着荷载的继续增加,试件宽面中多条细小裂缝继续延伸、发展形成一段段较连续的主要裂缝。

6.3.7.3　破坏阶段

继续增加荷载,试件宽面的主要裂缝继续向下部延伸且裂缝逐渐贯通、变宽,继续加载后试件宽面的主要裂缝继续变宽。当荷载加载至 577.99 kN 时,裂缝间多皮砌块出现外鼓、表皮脱落现象并伴随有明显的破碎声,试件的抗压承载力迅速下降,发生脆性破坏。试件破坏时,被主要竖向裂缝分割成多条大小各异的竖向小条柱且竖向小条柱被压碎,内芯 EPS 混合土被压酥或压碎,外模轻质混凝土空心砌块外鼓甚至脱落。

W-7 墙体试件轴心受压破坏时的裂缝分布形式如图 6-21 所示,试件加载全过程中的压力-位移曲线如图 6-22 所示。

图 6-21　W-7 墙体试件轴心受压破坏时的
　　　　　裂缝分布形式

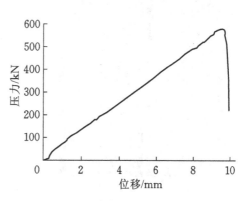

图 6-22　W-7 墙体试件的压力-位移曲线

6.3.8　W-8 墙体试件破坏过程

6.3.8.1　弹性阶段

加载初期,试件的抗压承载力随施加荷载值的均匀增加而快速增加。当施加荷载小于极限荷载的 60% 时,试件的压力与位移之间基本呈线性关系,试件开裂前处于弹性阶段。

6.3.8.2　裂缝出现及发展阶段

当施加荷载达到或超过极限荷载的 60% 后,试件宽面几皮砌块内部首先出现细小的竖向裂缝(开裂荷载为 312.57 kN)。继续加载后试件宽面细小裂缝不断增多且裂缝在原来基础上逐渐延伸进入几皮砌块内部。随着荷载的继续增加,试件宽面中多条细小裂缝继续延伸、发展形成一段段较连续的主要裂缝。

6.3.8.3　破坏阶段

继续增加荷载,试件宽面的主要裂缝继续向下部延伸且裂缝逐渐贯通、加宽,继续加载后试件宽面的主要竖向裂缝继续变宽。当荷载加载至 522.47 kN 时,裂缝间多皮砌块出现外鼓、表皮脱落现象并伴随有明显的破碎声,试件的抗压承载力迅速下降,发生脆性破坏。试件破坏时,被主要竖向裂缝分割成多条大小各异的竖向小条柱且竖向小条柱被压碎,内芯 EPS 混合土被压酥或压碎,外模轻质混凝土空心砌块外鼓甚至脱落。

W-8 墙体试件轴心受压破坏时的裂缝分布形式如图 6-23 所示,试件加载全过程中的压力-位移曲线如图 6-24 所示。

  (a)   (b)

图 6-23 W-8 墙体试件轴心受压破坏时的
     裂缝分布形式

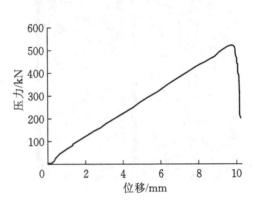

图 6-24 W-8 墙体试件的压力-位移曲线

6.3.9 GW-1 墙体试件破坏过程

6.3.9.1 弹性阶段

加载初期,试件的抗压承载力随施加荷载值的均匀增加而快速增加。当施加荷载小于极限荷载的 42% 时,试件的压力与位移之间基本呈线性关系,试件开裂前处于弹性阶段。

6.3.9.2 裂缝出现及发展阶段

当施加荷载达到或超过极限荷载的 42% 后,圈梁底部几皮砌块内部首先出现短小的竖向裂缝(开裂荷载为 440.03 kN)。继续加载后复合砌块墙体细小裂缝不断增多且裂缝在原来基础上逐渐延伸进入几皮砌块内部,但是裂缝发展的速度比较缓慢,表明圈梁与构造柱对内部的复合砌块墙体具有一定的约束作用。当荷载加载至 500.47 kN 时,圈梁中部出现细小的竖向裂缝。继续增加荷载,圈梁和复合砌块墙体表面细小裂缝不断增多且裂缝继续延伸、变宽。随着荷载的继续增加,试件宽面中多条细小裂缝继续延伸、发展形成一段段较连续的主要裂缝。

6.3.9.3 破坏阶段

继续增加荷载,墙体内裂缝发展较多且墙体内主要裂缝在原来基础上继续向下部延伸、贯通,复合砌块墙体的主要竖向裂缝与圈梁裂缝也逐渐贯穿、连通。随着荷载的继续增加,复合砌块墙体与两侧构造柱连接处也出现了多条细小的竖向裂缝,继续加载后多条细小竖向裂缝逐渐连接成几条主要裂缝,该主要裂缝自上而下逐渐贯通,在此加载阶段,复合砌块墙体靠近构造柱处的一条主要竖向裂缝也从上至下逐渐贯通。当荷载加载至 740.11 kN 时,一侧构造柱出现水平裂缝且构造柱窄面和宽面裂缝逐渐贯穿、连通。当荷载加载至 1040.84 kN 时,裂缝间多皮砌块出现外鼓、表皮脱落现象并伴随有明显的破碎声,试件的抗压承载力迅速下降,发生脆性破坏。试件破坏时,被主要竖向裂缝分割成多条大小各异的竖向小条柱且竖向小条柱被压碎,复合砌块被压酥甚至塌落,墙体内裂缝贯通且主要竖向裂缝宽度最宽达到 4 mm,构造柱顶部的混凝土被压碎、脱落,构造柱内钢筋屈服。

GW-1 墙体试件轴心受压破坏时的裂缝分布形式如图 6-25 所示,试件加载全过程中的压力-位移曲线如图 6-26 所示。

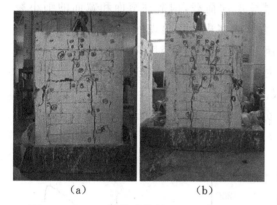

（a）　　　　　　（b）

图 6-25　GW-1 墙体试件轴心受压破坏时的
裂缝分布形式

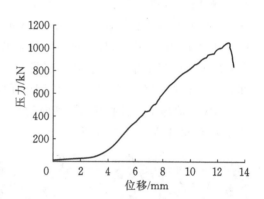

图 6-26　GW-1 墙体试件的压力-位移曲线

6.3.10　GW-2 墙体试件破坏过程

6.3.10.1　弹性阶段

加载初期,试件的抗压承载力随施加荷载值的均匀增加而快速增加。当施加荷载小于极限荷载的 43% 时,试件的压力与位移之间基本呈线性关系,试件开裂前处于弹性阶段。

6.3.10.2　裂缝出现及发展阶段

当施加荷载达到或超过极限荷载的 43% 后,圈梁底部几皮砌块内部首先出现细小的竖向裂缝(开裂荷载为 558.27 kN)。继续加载后复合砌块墙体细小裂缝不断增多且裂缝在原来基础上逐渐延伸进入几皮砌块内部,但是裂缝发展的速度比较缓慢,表明圈梁与构造柱对内部的复合砌块墙体具有一定的约束作用。当荷载加载至 680.41 kN 时,圈梁出现细小的竖向裂缝。继续增加荷载,圈梁和复合砌块墙体裂缝不断增多且裂缝逐渐延伸、变宽。随着荷载的继续增加,试件宽面中多条细小裂缝继续延伸、发展形成一段段较连续的主要裂缝。

6.3.10.3 破坏阶段

继续增加荷载,墙体内裂缝发展较多且墙体内主要裂缝在原来基础上继续向下部延伸、贯通,复合砌块墙体的主要竖向裂缝与圈梁裂缝也逐渐贯穿、连通。随着荷载的继续增加,复合砌块墙体与一侧构造柱连接处也出现了多条细小的竖向裂缝。继续加载后多条细小竖向裂缝逐渐连接成几条主要裂缝且该主要裂缝逐渐贯通,在此加载阶段,靠近复合砌块墙体中部的一条主要竖向裂缝从上至下逐渐贯通。当荷载加载至 1180.05 kN 时,两侧构造柱同时出现细小的水平裂缝。继续增加荷载,构造柱窄面和宽面的细小裂缝逐渐连通。当荷载加载至 1288.52 kN 时,裂缝间多皮砌块出现外鼓现象,复合砌块墙体出现明显的破碎声,试件的抗压承载力迅速下降,试件发生脆性破坏。试件破坏时,复合砌块被压酥甚至塌落,墙体内裂缝贯通且主要竖向裂缝宽度最宽达到 3 mm,构造柱顶部的混凝土被压碎、脱落,构造柱内钢筋屈服。

GW-2 墙体试件轴心受压破坏时的裂缝分布形式如图 6-27 所示,试件加载全过程中的压力-位移曲线如图 6-28 所示。

（a） （b）

图 6-27　GW-2 墙体试件轴心受压破坏时的
裂缝分布形式

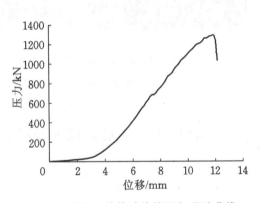

图 6-28　GW-2 墙体试件的压力-位移曲线

6.3.11　GW-3 墙体试件破坏过程

6.3.11.1 弹性阶段

加载初期,试件的抗压承载力随施加荷载值的均匀增加而快速增加。当施加荷载小于极限荷载的 40% 时,试件的压力与位移之间基本呈线性关系,试件开裂前处于弹性阶段。

6.3.11.2 裂缝出现及发展阶段

当施加荷载达到或超过极限荷载的 40% 后，复合砌块墙体中部首先出现细小的竖向裂缝（开裂荷载为 520.82 kN）。继续加载后复合砌块墙体细小裂缝不断增多且细小裂缝从中间开始逐渐向四周扩散，裂缝分布得比较均匀，但是裂缝发展的速度比较缓慢，表明圈梁与构造柱对内部的复合砌块墙体具有一定的约束作用。当荷载加载至 680.04 kN 时，圈梁中部出现细小的竖向裂缝。继续增加荷载，圈梁和复合砌块墙体裂缝不断增多且裂缝逐渐延伸、变宽。继续加载后试件宽面中多条细小裂缝继续延伸、发展形成一段段较连续的主要裂缝。

6.3.11.3 破坏阶段

继续增加荷载，墙体内裂缝发展较多且墙体内主要裂缝在原来基础上继续向下部延伸、贯通，复合砌块墙体的主要竖向裂缝与圈梁裂缝也逐渐贯穿、连通。随着荷载的继续增加，复合砌块墙体与两侧构造柱连接处也出现了多条细小的竖向裂缝，继续加载后多条细小竖向裂缝逐渐连接成几条主要裂缝且该主要裂缝逐渐贯通，在此加载阶段，复合砌块墙体中部和靠近构造柱处的两条主要竖向裂缝从上至下逐渐贯通。当荷载加载至 1120.38 kN 时，一侧构造柱出现细小的水平裂缝。当荷载加载至 1160.65 kN 时，另一侧构造柱也出现了细小的水平裂缝且两侧构造柱窄面和宽面裂缝均逐渐贯穿、连通。当荷载加载至 1311.46 kN 时，裂缝间多皮砌块出现外鼓、表皮脱落现象并伴随有明显的破碎声，试件的抗压承载力迅速下降，发生脆性破坏。试件破坏时，被主要竖向裂缝分割成多条大小各异的竖向小条柱且竖向小条柱被压碎，复合砌块被压酥甚至塌落，墙体内裂缝贯通且主要竖向裂缝宽度最宽达到 2 mm，构造柱顶部的混凝土被压碎、脱落，构造柱内钢筋屈服。

GW-3 墙体试件轴心受压破坏时的裂缝分布形式如图 6-29 所示，试件加载全过程中的压力-位移曲线如图 6-30 所示。

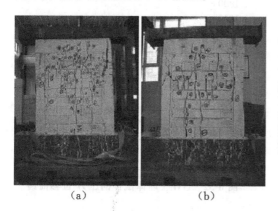

(a)   (b)

图 6-29 GW-3 墙体试件轴心受压破坏时的
裂缝分布形式

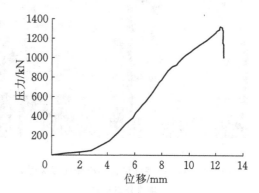

图 6-30 GW-3 墙体试件的压力-位移曲线

6.3.12 GW-4 墙体试件破坏过程

6.3.12.1 弹性阶段

试件加载初期,试件的抗压承载力随施加荷载值的均匀增加而快速增加。当施加荷载小于极限荷载的50%时,试件的压力与位移之间基本呈线性关系,试件开裂前处于弹性阶段。

6.3.12.2 裂缝出现及发展阶段

当施加荷载达到或超过极限荷载的50%后,圈梁底部几块砌块内部首先出现短小的竖向裂缝(开裂荷载为799.04 kN)。继续加载后复合砌块墙体裂缝逐渐增多且裂缝在墙体一侧集中出现。当荷载加载至860.26 kN时,圈梁出现细小的竖向裂缝。继续增加荷载,圈梁和复合砌块墙体细小裂缝不断增多,但是裂缝发展的速度比较缓慢,表明圈梁与构造柱对内部的复合砌块墙体具有一定的约束作用。

6.3.12.3 破坏阶段

当荷载加载至1590.19 kN时,墙体出现明显的破碎声,试件的抗压承载力迅速下降,试件发生脆性破坏。由于试验机加载不均匀,整个加载过程中试件裂缝集中在一侧出现。试件被破坏时,墙体内主要裂缝贯穿、连通,与圈梁连接处的几皮砌块被压酥甚至塌落,构造柱顶部的混凝土被压碎、脱落,构造柱内钢筋屈服。

GW-4 墙体试件轴心受压破坏时的裂缝分布形式如图6-31所示,试件加载全过程中的压力-位移曲线如图6-32所示。

(a)　　　　　(b)

图6-31　GW-4 墙体试件轴心受压破坏时的
　　　　裂缝分布形式

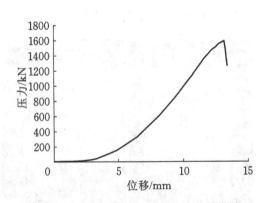

图6-32　GW-4 墙体试件的压力-位移曲线

6.3.13　GW-5 墙体试件破坏过程

6.3.13.1　弹性阶段

试件加载初期,试件的抗压承载力随施加荷载值的均匀增加而快速增加。当施加荷载小于极限荷载的 48% 时,试件的压力与位移之间基本呈线性关系,试件开裂前处于弹性阶段。

6.3.13.2　裂缝出现及发展阶段

当施加荷载达到或超过极限荷载的 48% 后,圈梁底部几皮砌块内部首先出现细小的竖向裂缝(开裂荷载为 642.20 kN)。继续加载后复合砌块墙体裂缝不断增多且裂缝在墙体两侧集中出现。当荷载加载至 720.82 kN 时,圈梁出现细小的竖向裂缝。继续增加荷载,圈梁和复合砌块墙体裂缝不断增多且裂缝逐渐延伸、变宽。随着荷载的继续增加,试件宽面中多条细小裂缝继续延伸、发展形成一段段较连续的主要裂缝。

6.3.13.3　破坏阶段

继续增加荷载,墙体内裂缝在原来基础上继续向下部延伸、贯通,墙体主裂缝与圈梁裂缝也逐渐贯通,同时复合砌块墙体与两侧构造柱连接处也出现了多条细小的竖向裂缝。继续加载后多条细小竖向裂缝逐渐连接成几条主要裂缝,该主要裂缝从上至下逐渐贯通。当荷载加载至 1326.95 kN 时,墙体出现明显的破碎声,试件的抗压承载力迅速下降,试件发生脆性破坏。试件破坏时,墙体内主要裂缝贯穿、连通,构造柱顶部的混凝土被压碎、脱落,构造柱内钢筋屈服。

GW-5 墙体试件轴心受压破坏时的裂缝分布形式如图 6-33 所示,试件加载全过程中的压力-位移曲线如图 6-34 所示。

图 6-33　GW-5 墙体试件轴心受压破坏时的
　　　　裂缝分布形式

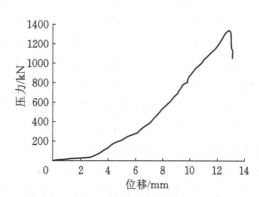

图 6-34　GW-5 墙体试件的压力-位移曲线

6.4 新型复合墙体试验结果分析

6.4.1 概述

本节主要对不带构造柱与带构造柱新型复合墙体试件在竖向均布荷载作用下的试验现象和试验结果进行了对比分析。首先,通过前期对新型复合墙体试件受压破坏过程的描述,总结出了不带构造柱新型复合墙体试件与带构造柱新型复合墙体试件裂缝开展的特点以及在竖向均布荷载作用下设置在复合砌块墙体中构造柱所起的作用;其次,分析了不同内芯强度、不同外模强度、不同高厚比以及构造柱对新型复合墙体试件抗压强度的影响,提出了新型复合墙体试件抗压强度的主要影响因素,总结出了各参数对新型复合墙体试件抗压强度的影响规律。

6.4.2 试件破坏过程分析

通过前期对新型复合墙体试件受压破坏过程的描述,得出以下结论:

(1) 不带构造柱新型复合墙体的轴心受压破坏过程与普通砌体墙体的轴心受压破坏过程相似。各个不带构造柱新型复合墙体试件在整个加载过程中也经历了三个阶段。试件加载初期,试件的单块或几皮砌块内部首先出现竖向裂缝,在此阶段裂缝细小,如果不继续增加荷载,单块或几块砌块内部的裂缝也不继续发展。随着荷载的继续增加,试件开始进入裂缝发展阶段,在此阶段细小裂缝数目不断增多且裂缝在原来基础上继续向下部延伸、变宽,试件中多条细小裂缝不断发展形成一段段较连续的裂缝。继续增加荷载,试件中多条较连续的裂缝逐渐贯通、变宽。最后,试件被主要竖向裂缝分割成多条大小各异的竖向小条柱且竖向小条柱被压碎,内芯 EPS 混合土被压酥或压碎,外模轻质混凝土空心砌块外鼓甚至脱落,试件丧失承载力,宣告破坏。

(2) 新型复合墙体试件的第一批裂缝出现在轻质混凝土空心砌块的内部,说明新型复合墙体试件在轴心受压过程中,外模与内芯共同工作,内芯受到外模的约束作用,内芯在此约束作用下处于三向受压状态,外模则受到环向拉力作用而产生竖向裂缝,使得单块砌块的抗压强度得不到有效发挥。新型复合墙体试件轴心受压破坏时,内芯 EPS 混合土被压酥或压碎,外模轻质混凝土空心砌块外鼓甚至脱落,表明内芯 EPS 混合土对新型复合墙体试件的应力具有调节作用,使得内芯与外模具有良好的共同工作性能,并且新型复合墙体试件材料的塑性性能也得到了较大程度的发挥[153]。

(3) 与不带构造柱新型复合墙体试件的裂缝开展情况相比,带构造柱新型复合墙体试件开裂较迟,裂缝发展比较缓慢,极限荷载较大。不带构造柱新型复合墙体试件开裂较早,裂缝开展较快,开裂荷载和极限荷载均低于带构造柱新型复合墙体试件,表明在竖向均布荷载作用下,圈梁与构造柱对内部的复合砌块墙体具有一定的约束作用,从而增强了墙体的变形能力,改善了墙体的稳定性能,提高了墙体的开裂荷载与极限承载力。

6.4.3 各因素对新型复合墙体抗压强度的影响

新型复合墙体试件的受压试验结果见表6-11。

表 6-11　新型复合墙体试件的受压试验结果

试件编号	开裂荷载/kN	极限荷载/kN	实测抗压强度/MPa	开裂荷载/极限荷载
W-1	166.31	276.42	1.28	0.60
W-2	260.37	375.54	1.74	0.69
W-3	284.68	428.38	1.98	0.66
W-4	282.07	415.78	1.92	0.68
W-5	345.79	514.90	2.38	0.67
W-6	397.06	618.11	2.86	0.64
W-7	357.89	577.99	2.68	0.62
W-8	312.57	522.47	2.42	0.60
GW-1	440.03	1040.84	5.15	0.42
GW-2	558.27	1288.52	6.38	0.43
GW-3	520.82	1311.46	6.49	0.40
GW-4	799.04	1590.19	7.87	0.50
GW-5	642.20	1326.95	6.57	0.48

6.4.3.1　内芯强度的影响

W-1、W-2、W-3 试件的高厚比均为 5.4,外模强度均为 2.60 MPa,内芯强度分别为 0.88 MPa、1.66 MPa、2.48 MPa。从受压试验结果可以看出:内芯强度为 0.88 MPa 时(W-1),抗压强度为 1.28 MPa;当内芯强度增至 1.66 MPa 时(W-2),抗压强度为 1.74 MPa,W-2 比 W-1 的抗压强度提高 36%;当内芯强度增至 2.48 MPa 时(W-3),抗压强度为 1.98 MPa,W-3 比 W-2 的抗压强度提高 14%,W-3 比 W-1 的抗压强度提高 55%。从图 6-35(a)的趋势线可以看出,随着内芯强度的不断提高,试件的抗压强度也逐渐提高,且提高幅度非常显著。

W-4、W-5、W-6 试件的高厚比均为 5.4,外模强度均为 4.66 MPa,内芯强度分别为 0.88 MPa、1.66 MPa、2.48 MPa。从受压试验结果可以看出:内芯强度为 0.88 MPa 时(W-4),抗压强度为 1.92 MPa;当内芯强度增至 1.66 MPa 时(W-5),抗压强度为

2.38 MPa,W-5 比 W-4 的抗压强度提高 24%；当内芯强度增至 2.48 MPa 时(W-6),抗压强度为 2.86 MPa,W-6 比 W-5 的抗压强度提高 20%,W-6 比 W-4 的抗压强度提高 49%。从图 6-35(b)的趋势线可以看出,随着内芯强度的不断提高,试件的抗压强度也逐渐提高,且提高幅度非常显著。

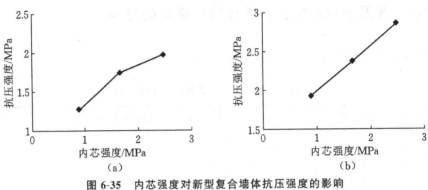

图 6-35　内芯强度对新型复合墙体抗压强度的影响

(a)W-1、W-2、W-3 试件；(b)W-4、W-5、W-6 试件

GW-1 与 GW-2 试件的高厚比均为 5.4,外模强度均为 2.60 MPa,内芯强度从 0.88 MPa 提高到 2.48 MPa。从受压试验结果可以看出:内芯强度为 0.88 MPa 时(GW-1),抗压强度为 5.15 MPa；当内芯强度增至 2.48 MPa 时(GW-2),抗压强度为 6.38 MPa,GW-2 比 GW-1 的抗压强度提高 24%。通过试验结果的对比分析可知,随着内芯强度的提高,试件的抗压强度也随之提高,且提高幅度非常显著。

GW-3 与 GW-4 试件的高厚比均为 5.4,外模强度均为 4.66 MPa,内芯强度从 0.88 MPa 提高到 2.48 MPa。从受压试验结果可以看出:内芯强度为 0.88 MPa 时(GW-3),抗压强度为 6.49 MPa；当内芯强度增至 2.48 MPa 时(GW-4),抗压强度为 7.87 MPa,GW-4 比 GW-3 的抗压强度提高 21%。通过试验结果的对比分析可知,随着内芯强度的提高,试件的抗压强度也随之提高,且提高幅度非常显著。

6.4.3.2　构造柱的影响

在高厚比、外模强度、内芯强度均相同的条件下,GW-1 比 W-1 的抗压强度提高 4 倍；GW-2 比 W-3 的抗压强度提高 3.2 倍；GW-3 比 W-4 的抗压强度提高 3.4 倍；GW-4 比 W-6 的抗压强度提高 2.8 倍；GW-5 比 W-8 的抗压强度提高 2.7 倍。由此可知,带构造柱墙体试件抗压强度在不带构造柱墙体试件抗压强度的基础上提高了 2～4 倍。由于该批试验制作墙体试件时,构造柱间距较近,在竖向荷载作用下,构造柱分担了作用于墙体上的很大一部分荷载。因此,在后期研究中可以考虑构造柱间距对新型复合墙体抗压承载力的影响,并对此进行专门研究。

6.4.3.3　外模强度的影响

W-1 与 W-4 试件的高厚比均为 5.4,内芯强度均为 0.88 MPa,外模强度从 2.60 MPa

提高到 4.66 MPa。从受压试验结果可以看出：外模强度为 2.60 MPa 时（W-1），抗压强度为 1.28 MPa；当外模强度增至 4.66 MPa 时（W-4），抗压强度为 1.92 MPa，W-4 比 W-1 的抗压强度提高 50%。通过试验结果的对比分析可知，随着外模强度的提高，试件的抗压强度也随之提高，且提高幅度非常显著。

W-2 与 W-5 试件的高厚比均为 5.4，内芯强度均为 1.66 MPa，外模强度从 2.60 MPa 提高到 4.66 MPa。从受压试验结果可以看出：外模强度为 2.60 MPa 时（W-2），抗压强度为 1.74 MPa；当外模强度增至 4.66 MPa 时（W-5），抗压强度为 2.38 MPa，W-5 比 W-2 的抗压强度提高 37%。通过试验结果的对比分析可知，随着外模强度的提高，试件的抗压强度也随之提高，且提高幅度非常显著。

W-3 与 W-6 试件的高厚比均为 5.4，内芯强度均为 2.48 MPa，外模强度从 2.60 MPa 提高到 4.66 MPa。从受压试验结果可以看出：外模强度为 2.60 MPa 时（W-3），抗压强度为 1.98 MPa；当外模强度增至 4.66 MPa 时（W-6），抗压强度为 2.86 MPa，W-6 比 W-3 的抗压强度提高 44%。通过试验结果的对比分析可知，随着外模强度的提高，试件的抗压强度也随之提高，且提高幅度非常显著。

GW-1 与 GW-3 试件的高厚比均为 5.4，内芯强度均为 0.88 MPa，外模强度从 2.60 MPa 提高到 4.66 MPa。从受压试验结果可以看出：外模强度为 2.60 MPa 时（GW-1），抗压强度为 5.15 MPa；当外模强度增至 4.66 MPa 时（GW-3），抗压强度为 6.49 MPa，GW-3 比 GW-1 的抗压强度提高 26%。通过试验结果的对比分析可知，随着外模强度的提高，试件的抗压强度也随之提高，且提高幅度非常显著。

GW-2 与 GW-4 试件的高厚比均为 5.4，内芯强度均为 2.48 MPa，外模强度从 2.60 MPa 提高到 4.66 MPa。从受压试验结果可以看出：外模强度为 2.60 MPa 时（GW-2），抗压强度为 6.38 MPa；当外模强度增至 4.66 MPa 时（GW-4），抗压强度为 7.87 MPa，GW-4 比 GW-2 的抗压强度提高 23%。通过试验结果的对比分析可知，随着外模强度的提高，试件的抗压强度也随之提高，且提高幅度非常显著。

6.4.3.4　高厚比的影响

W-6、W-7、W-8 试件的外模强度均为 4.66 MPa，内芯强度均为 2.48 MPa，高厚比分别为 5.40、10.03、14.75。从受压试验结果可以看出：高厚比为 5.40 时（W-6），抗压强度为 2.86 MPa；当高厚比增至 10.03 时（W-7），抗压强度为 2.68 MPa，W-7 比 W-6 的抗压强度降低 6%；当高厚比增至 14.75 时（W-8），抗压强度为 2.42 MPa，W-8 比 W-7 的抗压强度降低 10%，W-8 比 W-6 的抗压强度降低 15%。从图 6-36 的趋势线可以看出，随着高厚比的不断提高，试件的抗压强度逐渐降低。

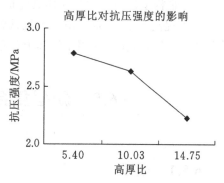

图 6-36　高厚比对新型复合墙体抗压强度的影响

　　GW-4 与 GW-5 试件的内芯强度均为 2.48 MPa,外模强度均为 4.66 MPa,高厚比从 5.4 提高到 14.75。从受压试验结果可以看出:高厚比为 5.4 时(GW-4),抗压强度为 7.87 MPa;当高厚比增至 14.75 时(GW-5),抗压强度为 6.57 MPa,GW-5 比 GW-4 的抗压强度降低 17%。通过试验结果的对比分析可知,随着高厚比的提高,试件的抗压强度降低。

　　综上可知,影响新型复合墙体抗压强度的主要因素为外模强度和内芯强度,且外模强度和内芯强度对新型复合墙体抗压强度的影响相差不大。在其他条件相同的情况下,新型复合墙体的抗压强度随着外模强度的提高而提高,随着内芯强度的提高而提高。高厚比对新型复合墙体抗压强度有一定的影响。在其他条件相同情况下,新型复合墙体的抗压强度随着高厚比的提高而降低。

6.4.4　结论

　　对不带构造柱与带构造柱新型复合墙体试件在竖向均布荷载作用下的试验现象和试验结果进行对比分析,得出以下结论:

　　(1)不带构造柱新型复合墙体的轴心受压破坏过程与普通砌体墙体的轴心受压破坏过程相似。试件破坏时裂缝细且多,破坏过程具有一定的可预见性。

　　(2)与不带构造柱新型复合墙体相比,带构造柱新型复合墙体的开裂荷载和极限荷载均有显著的提高,反映出带构造柱新型复合墙体在一定程度上提高了墙体的开裂荷载与极限承载力。

　　(3)在竖向均布荷载作用下,设置在复合砌块墙体中的构造柱所起的作用是圈梁与构造柱对内部的复合砌块墙体具有一定的约束作用,从而增强了墙体的变形能力,改善了墙体的稳定性能,提高了墙体的抗压承载力。

　　(4)新型复合墙体抗压强度的主要影响因素为外模强度和内芯强度,且外模强度和内芯强度对新型复合墙体抗压强度的影响相差不大。在其他条件相同情况下,新型复合墙体的抗压强度随着外模强度的提高而提高,随着内芯强度的提高而提高。

　　(5)带构造柱新型复合墙体试件抗压强度在不带构造柱新型复合墙体试件抗压强度的基础上提高了 2~4 倍。由于该批试验制作墙体试件时,构造柱间距较近,在竖向荷载作用下,构造柱分担了作用于墙体上的很大一部分荷载。

6.5　新型复合墙体抗压理论分析

6.5.1　概述

　　本节在新型复合砌块砌体抗压试验研究基础上,结合国内外关于灌芯混凝土砌块砌体的受压试验资料与研究成果,忽略砂浆强度的影响,仅考虑砌块强度和内芯强度对该种复合砌块砌体抗压性能的影响,运用变形协调条件和静力平衡条件,建立了该种复合砌块砌体抗压强度计算公式。在新型复合墙体抗压性能试验研究基础上,参照《砌体结构设计规范》(GB 50003—2011)中有关砌体抗压承载力计算公式,并结合新型复合砌块砌体抗压强度计算公式,建立了新型复合墙体抗压承载力计算公式。

6.5.2 新型复合砌块砌体抗压强度分析

目前,国内外计算灌芯混凝土砌块砌体抗压强度的方法主要有六种,大致可总结为:弹性理论分析法、弹性有限元分析法、基于变形协调的应力叠加法、基于强度破坏理论的分析法、半经验半理论的分析法和数理统计分析法。

加拿大研究人员 Drysdale 和 Hamid 对 143 个未灌芯和灌芯混凝土砌块砌体进行了抗压性能试验研究,提出了相应的破坏准则,建立了灌芯混凝土砌块砌体的抗压强度计算公式[53,59]。

根据砌块各肋(壁)和芯柱达到未受约束条件的抗压强度的先后顺序,将轴心受压灌芯混凝土砌块砌体的破坏形态分为两类:砌块劈裂破坏和砌块压碎破坏。上述两种破坏的判断准则在于灌芯混凝土砌块砌体轴心受压破坏时,芯柱上承担的竖向压应力 σ_{yg} 是否大于其无约束条件下的抗压强度 σ_{cg}。采用弹性理论分析法,根据变形协调条件、静力平衡条件和摩尔破坏理论,分别建立了砌块劈裂破坏和砌块压碎破坏时的灌芯混凝土砌块砌体的抗压强度计算公式。

当 $\sigma_{yg} > \sigma_{cg}$ 时,灌芯混凝土砌块砌体的抗压强度计算公式为:

$$f_{gm} = \frac{4.1\,\sigma_{tb} + 1.14\alpha\,\sigma_{cm} + \beta\sigma_{cg}}{4.1\,\sigma_{tb} + \left(1.14\alpha + \dfrac{c\beta}{n}\right)\sigma_{cb}} \cdot \frac{\sigma_{cb}}{n\gamma} \tag{6-1}$$

其中

$$\alpha = \frac{t_m}{t_b}$$

$$\beta = \frac{\sqrt{1-\eta}}{1-\sqrt{1-\eta}}$$

$$n = \frac{E_{bs}}{E_g}$$

$$\gamma = 1/[1 + \eta(n-1)]$$

式中 σ_{yg}——作用于芯柱上的竖向压应力(Pa);

       σ_{cg}——无约束条件下芯柱的抗压强度(Pa);

       σ_{tb}——砌块单轴抗拉强度(Pa);

       σ_{cb}——砌块单轴抗压强度(Pa);

       σ_{cm}——无约束条件下砂浆的抗压强度(Pa);

t_m——砂浆层的厚度（mm）；

t_b——砌块高度（mm）；

η——砌块最小净截面面积与总截面面积的比值；

E_{bs}——砌块在 0.002 应变时的弹性割线模量；

E_g——芯柱在 0.002 应变时的弹性割线模量；

c——芯柱最大横截面面积与最小横截面面积的比值；

γ——调整系数。

当 $\sigma_{yg} \leqslant \sigma_{cg}$ 时，灌芯混凝土砌块砌体的抗压强度计算公式为：

$$f_{gm} = \frac{3.6\,\sigma_{tb} + \alpha\,\sigma_{cm}}{3.6\,\sigma_{tb} + \alpha\,\sigma_{cb}} \cdot \frac{\sigma_{cb}}{n\gamma} \tag{6-2}$$

如果芯柱强度较高或截面面积较大时，芯柱在砌块外壳破坏后仍能承担更大的荷载，此时按总面积计算的灌芯混凝土砌块砌体的抗压强度计算公式为：

$$f_{gm} = (1 - \eta_m)\sigma_{cg} \tag{6-3}$$

式中　η_m——砌体最大净截面面积与总截面面积的比值。

因此，当 $\sigma_{yg} \leqslant \sigma_{cg}$ 时，灌芯混凝土砌块砌体的抗压强度取式(6-2)、式(6-3)中的较大值。

Cheema 和 Klingner[154] 对灌芯混凝土砌块砌体进行了抗压性能试验研究，分析出灌芯混凝土砌块砌体的受压破坏形态主要取决于砌块强度和芯柱混凝土强度。试验同时采用弹性有限元分析法对未灌芯和灌芯混凝土砌块砌体在竖向荷载作用下的破坏机理和受压承载力进行了研究，并提出了砂浆、砌块、芯柱混凝土的割线模量和泊松比的取值。

（1）砂浆

砂浆割线模量 E_{ms} 的取值公式为：

$$E_{ms} = 500 f_m \tag{6-4}$$

式中　f_m——砂浆的抗压强度（MPa）。

砂浆泊松比的取值为 0.28。

（2）砌块

砌块割线模量 E_{bs} 的取值公式为：

$$E_{bs} = 22\,\omega_b^{1.5}\sqrt{f_b} \tag{6-5}$$

式中　ω_b——砌块的重力密度（kN/m³）；

　　　f_b——砌块的抗压强度（MPa）。

砌块泊松比的取值为 0.28。

（3）芯柱混凝土

芯柱混凝土割线模量 E_{gs} 的取值公式为：

$$E_{gs} = 16.5\,\omega_g^{1.5}\sqrt{f_g} \tag{6-6}$$

式中　ω_g——芯柱混凝土的重力密度（kN/m³）；

　　　f_g——芯柱混凝土的抗压强度（MPa）。

芯柱混凝土泊松比的取值为 0.37。

施楚贤、谢小军[60]对 42 个未灌芯和灌芯混凝土砌块砌体试件进行了抗压性能试验研究。研究表明,与未灌芯混凝土砌块砌体相比,灌芯混凝土砌块砌体的抗压强度和弹性模量均有显著的提高。根据试验过程中砌块和芯柱混凝土变形协调良好的工作性能并结合试验数据的分析结果,提出了灌芯混凝土砌块砌体的抗压强度计算公式。

$$f_{g,m} = f_m + 0.94 \frac{A_c}{A} f_{c,m} \tag{6-7}$$

其中,$f_{c,m} = 0.67 f_{cu,m}$,故有:

$$f_{g,m} = f_m + 0.63 \frac{A_c}{A} f_{cu,m} \tag{6-8}$$

Xiao 和 Lu[155]对灌芯混凝土砌块砌体的抗压承载力进行了试验及分析研究,认为影响灌芯混凝土砌块砌体抗压承载力的主要因素为砌块壁的抗裂能力和芯柱的抗压能力。在试验及分析研究基础上,采用半经验半理论的方法,建立了灌芯混凝土砌块砌体的抗压强度计算公式。

$$f_{g,m} = f_m + 0.7 f_c \frac{A_c}{A_{gross}} \tag{6-9}$$

式中 A_{gross}——灌芯混凝土砌块砌体的毛截面面积(mm²)。

Hamid 和 Chukwunenye[44]通过改变砌块与砂浆的弹性模量之比来研究砂浆强度对灌芯混凝土砌块砌体受压性能的影响。研究表明,灌芯混凝土砌块砌体的抗压强度与砂浆强度关系不大。

江波[93]对高强砌块填芯砌体进行了抗压性能试验,根据抗压试验结果并结合国内各单位砌体抗压强度研究的统计结果,提出了影响高强砌块填芯砌体抗压强度的主要因素为砌块强度和芯柱混凝土强度,砂浆强度对填芯砌体抗压强度的影响很小。在试验研究基础上,建立了高强砌块填芯砌体的抗压强度计算公式。

$$f_{G,m} = 0.57 f_1 + 0.8\alpha f_{cu} \tag{6-10}$$

式中 α——砌体的填芯率(%)。

综上可知,砌块强度和芯柱混凝土强度是影响灌芯混凝土砌块砌体抗压强度的主要因素,砂浆强度对其抗压强度的影响不大,甚至可以忽略。

6.5.3 新型复合砌块砌体抗压强度计算

新型复合砌块砌体试件轴心受压时应力呈对称分布,轻质混凝土空心砌块、EPS 混合土和砂浆的受力状态如图 6-37 所示。

当新型复合砌块砌体上竖向均布荷载达到其极限强度时,由变形协调条件得:

$$\varepsilon_b = \varepsilon_g \tag{6-11}$$

由于 $\varepsilon_b = \dfrac{\sigma_{yb}}{E_b}$，$\varepsilon_g = \dfrac{\sigma_{yg}}{E_g}$，故有：

$$\frac{\sigma_{yb}}{E_b} = \frac{\sigma_{yg}}{E_g} \tag{6-12}$$

式中　ε_b，ε_g——轻质混凝土空心砌块和 EPS 混合土轴心受压应变值；

σ_{yb}，σ_{yg}——轻质混凝土空心砌块和 EPS 混合土轴心受压应力值（Pa）；

E_b，E_g——轻质混凝土空心砌块和 EPS 混合土轴心受压时峰值应力的割线模量值。

文献［154］对砌块、芯柱混凝土轴心受压时峰值应力的割线模量 E_b、E_g 分别取：

$$\left.\begin{array}{l} E_b = 22\,\omega_b^{1.5}\sqrt{f_b} \\[2mm] E_g = 16.5\,\omega_g^{1.5}\sqrt{f_g} \end{array}\right\} \tag{6-13}$$

式中　ω_b，ω_g——轻质混凝土空心砌块和 EPS 混合土的重力密度（kN/m³）；

f_b，f_g——轻质混凝土空心砌块和 EPS 混合土的抗压强度（MPa）。

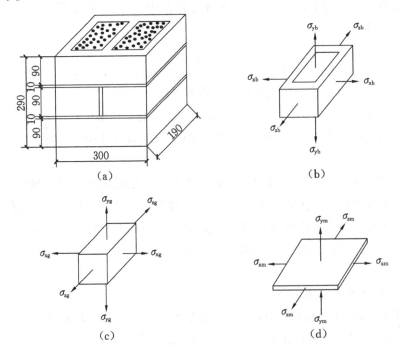

图 6-37　新型复合砌块砌体轴心受压下的多轴应力状态

(a)新型复合砌块砌体标准试件；(b)轻质混凝土空心砌块轴心受压下的应力状态；

(c)EPS 混合土轴心受压下的应力状态；(d)砂浆层轴心受压下的应力状态

根据课题组前期试验结果，取 $\omega_b = 10.60\ \text{kN/m}^3$，由于重力密度 ω 与密度有关，故根据课题组前期试验测出的 EPS 混合土的密度来计算 EPS 混合土的重力密度。课题组前期试验测出的 EPS 混合土的密度见表 6-12。

表 6-12 EPS 混合土密度

编号	密度/(kg/m³)	内芯抗压强度/MPa
1	738.3	0.88
2	791.1	1.66
3	1150.0	248

令割线模量比值 $\lambda = E_g/E_b$，$\alpha = \dfrac{16.5\,\omega_g^{1.5}}{22\,\omega_b^{1.5}}$，则 $\lambda = \alpha\sqrt{f_g/f_b}$。将 $\lambda = E_g/E_b$ 代入式(6-12)，得：

$$\sigma_{yg} = \lambda\,\sigma_{yb} \tag{6-14}$$

根据国内外大量的灌芯混凝土砌块砌体抗压试验资料与研究成果可知，灌芯砌体的抗压强度与砂浆强度关系不大，甚至可以忽略，故本书新型复合砌块砌体的抗压承载力主要由轻质混凝土空心砌块的抗压承载力和 EPS 混合土的抗压承载力两部分组成。即：

$$N = N_m + N_c \tag{6-15}$$

由竖向力平衡条件 $\sum F_y = 0$，得：

$$f_{g,m}A = \sigma_{yb}A_m + \sigma_{yg}A_c \tag{6-16}$$

式中 $f_{g,m}$——新型复合砌块砌体的抗压强度计算值(MPa)；

N_m, N_c——轻质混凝土空心砌块和 EPS 混合土的抗压承载力(kN)；

A_m, A_c——轻质混凝土空心砌块和 EPS 混合土的截面面积(mm²)；

A——砌体的毛截面面积(mm²)。

令 $A_c = \mu A$，$A_m = (1-\mu)A$，则式(6-16)化简得：

$$f_{g,m} = (1-\mu)\sigma_{yb} + \mu\sigma_{yg} \tag{6-17}$$

式中 μ——芯柱 EPS 混合土的截面面积与砌体的毛截面面积的比值。

国内外大量试验研究表明，若使砌块强度与芯柱混凝土强度合理匹配，则应保证灌芯混凝土砌块砌体轴心受压破坏时，砌块与芯柱混凝土的抗压性能均得到充分发挥[132,133]。因此，灌芯混凝土砌块砌体轴心受压破坏时，砌块应力与芯柱混凝土应力可以由式(6-18)表达：

$$\left.\begin{array}{l} \sigma_{yb} = k_1 f_g/\lambda \\ \sigma_{yg} = k_2\lambda f_b \end{array}\right\} \tag{6-18}$$

式中 k_1, k_2——待定系数，取 $k_1 = 1.2$、$k_2 = 1.8$。

将式(6-18)和 $\lambda = \alpha\sqrt{f_g/f_b}$ 代入式(6-17)，得：

$$f_{g,m} = \frac{1.2(1-\mu)f_g}{\alpha\sqrt{f_g/f_b}} + 1.8\mu f_b\alpha\sqrt{f_g/f_b} \tag{6-19}$$

6.5.4 新型复合砌块砌体抗压强度计算值与实测值比较

根据本书提出的新型复合砌块砌体抗压强度计算式(6-19)得出的计算值与本书抗

压试验测出的试验值对比见表 6-13。从表中可以看出,计算值与试验值比值的平均值为 1.002,变异系数为 0.102,说明计算值与试验值符合得较好。

表 6-13　新型复合砌块砌体抗压强度计算值与实测值对比

砌体编号	计算抗压强度/MPa	实测抗压强度/MPa	计算/实测
Q-1	2.88	2.66	1.083
Q-2	3.49	3.28	1.064
Q-3	3.74	3.32	1.127
Q-4	3.86	4.32	0.894
Q-5	4.67	4.94	0.945
Q-6	5.00	5.58	0.896
平均值			1.002
标准差			0.102
变异系数			0.102

6.5.5　新型复合墙体抗压承载力分析

目前,国内外对设置钢筋混凝土构造柱砌块组合墙体抗压承载力的计算方法尚无明确规定,本书新型复合墙体抗压承载力的计算值参照《砌体结构设计规范》(GB 50003—2011)中有关砌体抗压承载力的计算模式进行计算。

6.5.5.1　无筋砌体构件的轴心受压承载力计算公式

$$N \leqslant \varphi f A \tag{6-20}$$

$$\varphi = \frac{1}{1+12\left[\dfrac{e}{h}+\sqrt{\dfrac{1}{12}\left(\dfrac{1}{\varphi_0}-1\right)}\right]^2} \tag{6-21}$$

$$\varphi_0 = \frac{1}{1+\alpha\beta^2} \tag{6-22}$$

式中　N——轴向力设计值(kN);

　　　f——砌体的抗压强度设计值(MPa);

　　　φ——高厚比 β 和轴向力的偏心距 e 对受压构件承载力的影响系数;

　　　A——砌体的毛截面面积(mm^2);

　　　h——截面高度(mm);

　　　α——与砂浆的强度等级有关,当砂浆强度等级大于或等于 M5 时,$\alpha=0.0015$,当砂浆强度等级等于 M2.5 时,$\alpha=0.002$,当砂浆强度 $f_2=0$ 时,$\alpha=0.009$。

6.5.5.2　砖砌体和钢筋混凝土构造柱组合墙的轴心受压承载力计算公式

$$N \leqslant \varphi_{\text{com}} \left[fA_{\text{n}} + \eta (f_{\text{c}} A_{\text{c}} + f'_{\text{y}} A'_{\text{s}}) \right] \tag{6-23}$$

$$\eta = \left[\cfrac{1}{\cfrac{l}{b_{\text{c}}} - 3} \right]^{\frac{1}{4}} \tag{6-24}$$

6.5.5.3　新型复合墙体稳定系数计算

对于轴心受压墙体而言,墙体高厚比实际上反映了墙体的稳定性能,墙体的稳定性能随墙体高厚比的增大而降低。因此,高厚比对新型复合墙体抗压承载力的影响采用《砌体结构设计规范》(GB 50003—2011)中 $\varphi_0 = \cfrac{1}{a + b\beta^2}$ 表示,其中 φ_0 为新型复合墙体的稳定系数;a、b 为回归系数;β 为新型复合墙体的高厚比。

通过对试验数据的回归分析得 $a = 1.0$,$b = 0.001$,故有:

$$\varphi_0 = \cfrac{1}{1 + 0.001 \beta^2} \tag{6-25}$$

因此,根据《砌体结构设计规范》(GB 50003—2011)中无筋砌体构件的轴心受压承载力计算公式,并结合新型复合砌块砌体的抗压强度计算公式,建议本书不带构造柱新型复合墙体的抗压承载力计算公式为:

$$N_1 \leqslant \varphi_0 f_{\text{g,m}} A \tag{6-26}$$

式中　N_1——不带构造柱新型复合墙体的抗压承载力计算值(kN);

　　　　A——砌体的截面面积(mm^2);

　　　　上式中其他参数定义同前。

根据《砌体结构设计规范》(GB 50003—2011)中砖砌体和钢筋混凝土构造柱组合墙的轴心受压承载力计算公式,并结合新型复合砌块砌体的抗压强度计算公式,建议本书带构造柱新型复合墙体的抗压承载力计算公式为:

$$N_2 \leqslant \varphi_0 \left[f_{\text{g,m}} A + \eta (f_{\text{c}} A_{\text{c}} + f'_{\text{y}} A'_{\text{s}}) \right] \tag{6-27}$$

$$\eta = \left[\cfrac{1}{\cfrac{l}{b_{\text{c}}} - 3} \right]^{\frac{1}{4}} \tag{6-28}$$

式中　N_2——带构造柱新型复合墙体的抗压承载力计算值(kN);

　　　　H——强度系数,$H = \cfrac{l}{b_{\text{c}}}$,当 $\cfrac{l}{b_{\text{c}}} < 4$ 时,取 $\cfrac{l}{b_{\text{c}}} = 4$;

　　　　l——沿墙长方向构造柱的间距(mm);

　　　　b_{c}——沿墙长方向构造柱的宽度(mm);

　　　　A_{c}——构造柱混凝土的截面面积(mm^2);

A'_s——构造柱受力钢筋的截面面积(mm^2)；

f_c——陶粒混凝土的轴心抗压强度设计值(MPa)；

f'_y——钢筋的抗压强度设计值(MPa)。

上式中其他参数定义同前。

根据本书提出的新型复合墙体稳定系数计算公式(6-25)求得的计算值与本书抗压试验测得的试验值对比见表 6-14。从表中可以看出,计算值与试验值比值趋近于 1.0,从总体情况上看计算值与试验值符合得较好。

表 6-14　新型复合墙体稳定系数计算值与实测值对比

试件编号	β	$f_{g,m}$实测值/MPa	实测压荷载/kN	φ_0 计算值	φ_0 实测值	φ_0 计算值 /φ_0 实测值
W-1	5.94	2.66	276.42	0.97	0.96	1.01
W-2	5.94	3.28	375.54	0.97	1.06	0.92
W-3	5.94	3.32	428.38	0.97	1.19	0.82
W-4	5.94	4.32	415.38	0.97	0.89	1.09
W-5	5.94	4.94	514.90	0.97	0.97	1.00
W-6	5.94	5.58	618.11	0.97	1.03	0.94
W-7	11.03	5.58	577.99	0.89	0.96	0.93
W-8	16.23	5.58	522.47	0.79	0.87	0.91
GW-1	5.94	2.66	1040.84	0.97	0.97	1.07
GW-2	5.94	3.32	1288.52	0.97	1.03	0.94
GW-3	5.94	4.32	1311.46	0.97	0.93	1.04
GW-4	5.94	5.58	1590.19	0.97	0.99	0.98
GW-5	16.23	5.58	1326.95	0.79	0.83	0.95

注:式(6-25)中高厚比 $\beta = \gamma_\beta \dfrac{H_0}{h}$,$\gamma_\beta$ 取 1.1,H_0 为墙体高度;试件 W-1 至 W-8 中 φ_0 实测值采用式(6-26),$\varphi_0 = \dfrac{N_1}{f_{g,m}A}$;试件 GW-1 至 GW-5 中 φ_0 实测值采用式(6-27),$\varphi_0 = \dfrac{N_2}{f_{g,m}A + \eta(f_c A_c + f'_y A'_s)}$。

6.5.5.4　新型复合墙体抗压承载力计算值与实测值比较

根据本书提出的不带构造柱和带构造柱新型复合墙体抗压承载力计算公式(6-26)、式(6-27)得出的计算值与本书抗压试验测出的试验值对比见表 6-15,从表中可以看出,计算值与试验值比值趋近于 1.0,从总体情况上看计算值与试验值符合得较好。式(6-26)、式(6-27)可作为此种不带构造柱和带构造柱新型复合墙体的抗压承载力计算公式。

表 6-15 新型复合墙体抗压承载力计算值与实测值对比

试件编号	φ_0 计算值	$f_{g,m}$ 实测值 /MPa	抗压荷载 计算值/kN	抗压荷载 实测值/kN	抗压荷载计算值/ 实测值
W-1	0.97	2.88	301.71	276.42	1.09
W-2	0.97	3.49	365.60	375.54	0.97
W-3	0.97	3.74	391.80	428.38	0.91
W-4	0.97	3.86	404.37	415.78	0.97
W-5	0.97	4.67	489.23	514.90	0.95
W-6	0.97	5.00	584.56	618.11	0.95
W-7	0.89	5.00	536.35	577.99	0.93
W-8	0.79	5.00	476.09	522.47	0.91
GW-1	0.97	2.88	1147.92	1040.84	1.10
GW-2	0.97	3.74	1276.38	1288.52	0.99
GW-3	0.97	3.86	1294.31	1311.46	0.99
GW-4	0.97	5.00	1464.60	1590.19	0.92
GW-5	0.79	5.00	1192.82	1326.95	0.90

6.6 本章小结

对不带构造柱与带构造柱新型复合墙体试件在竖向均布荷载作用下的试验现象和试验结果进行对比分析,得出以下结论:

(1) 不带构造柱新型复合墙体的轴心受压破坏过程与普通砌体墙体的轴心受压破坏过程相似。试件破坏时裂缝细且多,破坏过程具有一定的可预见性;与不带构造柱新型复合墙体相比,带构造柱新型复合墙体的开裂荷载和极限荷载均有显著的提高,反映出带构造柱新型复合墙体在一定程度上提高了墙体的开裂荷载与极限承载力。

(2) 在竖向均布荷载作用下,设置在复合砌块墙体中构造柱所起的作用是圈梁与构造柱对内部的复合砌块墙体具有一定的约束作用,从而增强了墙体的变形能力,改善了墙体的稳定性能,提高了墙体的抗压承载力。

(3) 带构造柱新型复合墙体试件抗压强度在不带构造柱新型复合墙体试件抗压强度

的基础上提高了 2～4 倍。由于该批试验制作墙体试件时,构造柱间距较近,在竖向荷载作用下,构造柱分担了作用于墙体上的很大一部分荷载。

(4) 影响新型复合墙体抗压强度的主要因素为外模强度和内芯强度,且外模强度和内芯强度对新型复合墙体抗压强度的影响相差不大。在其他条件相同的情况下,新型复合墙体的抗压强度随着外模强度的提高而提高,随着内芯强度的提高而提高。本章提出了不带构造柱新型复合墙体和带构造柱新型复合墙体的抗压承载力计算公式(6-26)、式(6-27)。通过不带构造柱和带构造柱新型复合墙体抗压承载力的计算值与试验值的比较可知,计算值与试验值符合得较好,表明上述公式具有一定的理论依据和参考价值,可作为此种不带构造柱和带构造柱新型复合墙体的抗压承载力计算公式。

7 新型复合墙体抗震性能研究

7.1 概　　述

为研究新型复合墙体的基本抗震性能,本书共设计了9片新型复合墙体试件进行低周反复荷载试验,分别考虑了构造柱、竖向正应力、聚苯乙烯复合土内芯强度、高宽比等因素对新型复合墙体抗震性能的影响。

本章主要介绍了针对9片新型复合墙体的低周反复荷载试验。了解新型复合墙体在不同参数下的破坏过程、破坏特征、极限荷载及其他一些特征荷载及位移,最终得出了新型复合墙体在低周反复荷载试验下的破坏特征,各个特征阶段特征点的荷载、位移及滞回曲线、骨架曲线等试验结果。

7.2　试　验　概　况

7.2.1　材料及其性能

本次试验墙体主要有两类,分为布置构造柱、圈梁等加强措施的约束墙体与未布置构造柱、圈梁等约束措施的普通墙体。构造简图如图7-1所示。

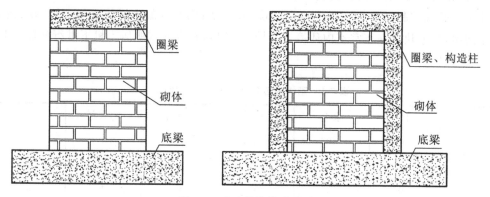

图 7-1　试验墙体构造详图

113

新型混凝土砌块复合墙体主要由新型轻质混凝土空心砌块、EPS复合土及轻质陶粒混凝土三种材料组成。其中,新型轻质混凝土砌块在石河子本地砖砌块生产工厂预制,力学性能稳定。其主要砌块尺寸为300 mm×190 mm×90 mm,辅助砌块尺寸为150 mm×190 mm×90 mm,具体尺寸见图7-2。

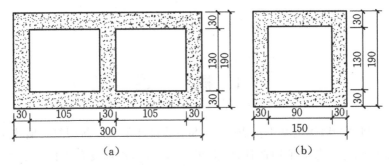

图7-2　新型轻质混凝土标准砌块平面图(单位:mm)

(a)主砌块;(b)辅助砌块

EPS内芯复合土由EPS颗粒、水泥、生土、水以及外加剂混合而成。具体内芯复合土配合比以土的质量为100,其他组成材料按占土的质量比例确定。其中,第一组:生土:水泥:EPS颗粒:水=100:40:3:30。第二组:生土:水泥:EPS颗粒:水=100:30:1:30。第三组:生土:水泥:EPS颗粒:水=100:30:4:30。均为课题组前期研究优化后的配合比(表7-1)。圈梁、构造柱采用保温性能较好的轻质陶粒混凝土,具体配合比为水泥:水:陶粒:干砂=450:180:504:878(表7-2)。墙体底梁采用C30普通混凝土浇筑。

新型混凝土砌块EPS复合墙体中所采用的混凝土砌块抗压强度的试验方法依据《砌墙砖试验方法》(GB/T 2542—2012)和《混凝土砌块和砖试验方法》(GB/T 4111—2013)的相关规定进行,最终测得试验墙体所采用的轻质混凝土砌块抗压强度平均值为7.74 MPa。试验墙体砌筑砂浆抗压强度试验方法依据《建筑砂浆基本性能试验方法标准》(JGJ/T 70—2009)的相关规定执行,测得砌筑砂浆抗压强度平均值为9.43 MPa。在浇筑试件的同时按相关试验标准制作了三组EPS内芯试块,共9块;陶粒混凝土试块一组,共3块;砌筑砂浆两组,共6块。在正常室内环境下养护28 d后,在电液伺服压力机下进行材性试验,具体结果见表7-3。

表7-1　砌块内芯各组成成分配合比(%)

编号	土	水泥	EPS颗粒	含水率	膨胀剂	减水剂
1	100	40	3	30	4	2.5
2	100	30	1	30	4	2.5
3	100	30	4	30	4	2.5

表 7-2　构造柱和圈梁陶粒混凝土基准配合比

水泥用量/(kg/m³)	用水量/(kg/m³)	陶粒用量/(kg/m³)	干砂用量/(kg/m³)
450	180	504	878

表 7-3　墙体材料强度平均值

	EPS 轻质混合土内芯			砂浆	陶粒混凝土
	第一组	第二组	第三组		
试验数量	3	3	3	6	3
强度平均值/MPa	3.267	2.692	1.059	9.43	30.53

7.2.2　试件设计与制作

为研究此种新型复合墙体的抗震性能,设计了三片带约束构造柱、圈梁的新型复合墙体及 6 片普通新型复合墙体,共计 9 片,并以不同竖向正应力、内芯强度及高宽比为主导因素,进行低周反复荷载试验以研究其抗震性能,并对普通墙体和使用约束构造柱、圈梁加强的墙体的抗震性能进行对比分析。

所有试验墙体均在石河子大学水利建筑工程学院结构试验大厅制作,其中墙体底梁、构造柱采用 C30 混凝土及陶粒混凝土浇筑。试验墙体砌筑过程严格按照分批流水施工,砂浆强度等级为 M7.5,EPS 混合土按照前期优化后的配合比拌制,砌筑过程中砂浆和 EPS 混合土严格按照随拌随用的原则,以保证墙体砌筑质量。竖向正应力按照兵团村镇一级多层住宅考虑,墙体竖向正应力为 0.1～0.6 MPa,试验选取竖向正应力为 0.3 MPa 和 0.6 MPa。为保证构造柱钢筋能够在试验过程中有足够的锚固强度,在试件制作过程中将构造柱钢筋提前绑扎,并与底梁钢筋焊接后一同浇筑在底梁内部。具体试件设计参数见表 7-4,具体外形尺寸及配筋情况如图 7-3 所示,其中 W-1 至 W-3 为采取约束构造柱、圈梁的新型复合墙体,Q-1 至 Q-6 为普通新型复合墙体。

表 7-4　新型复合砌块墙体设计参数

试件编号	试件尺寸($B \times H$)/(mm×mm)	构造柱	剪跨比(H/B)	竖向正应力/MPa	砂浆强度/MPa	内芯强度/MPa
Q-1	1080×1080	无	1.0	0.3	9.43	2.692
Q-2	1080×1080	无	1.0	0.6	9.43	2.692
Q-3	1080×1560	无	1.44	0.3	9.43	2.692
Q-4	1080×1560	无	1.44	0.6	9.43	2.692

续表7-4

试件编号	试件尺寸(B×H)/(mm×mm)	构造柱	剪跨比(H/B)	竖向正应力/MPa	砂浆强度/MPa	内芯强度/MPa
Q-5	1080×1080	无	1.0	0.3	9.43	1.059
Q-6	1080×1560	无	1.44	0.3	9.43	1.059
W-1	1480×1520	有	1.0	0.3	9.43	3.267
W-2	1480×1520	有	1.0	0.6	9.43	3.267
W-3	1480×1520	有	1.0	0.3	9.43	1.059

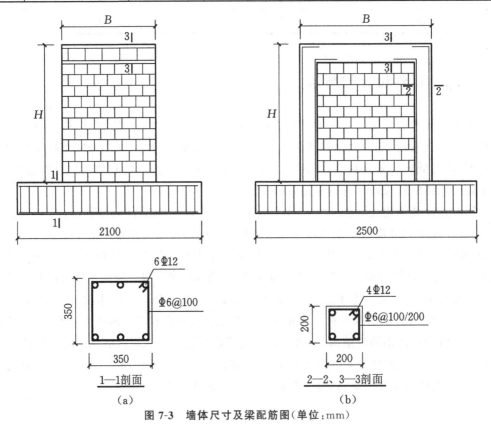

图 7-3　墙体尺寸及梁配筋图(单位:mm)

7.2.3　试验方案及加载制度

7.2.3.1　试验加载装置及加载制度

本试验采用石河子大学结构试验大厅的 MTS 加载装置。采用竖向液压千斤顶施加竖向荷载到分配梁上,竖向荷载通过荷载分配梁进行四分点加载,并在试验过程中保持不变。水平荷载由 MTS 低周反复试验设备施加于墙体圈梁顶部,采用 4 根长螺杆将 MTS 端板与墙体圈梁连接,从而保证将 MTS 推拉力有效地传递到墙体圈梁顶部。试验前,在墙体底梁两端采用压梁将墙体固定牢固,防止在试验过程中墙体产生整体滑移,具体加载装置图及试验现场图如图 7-4、图 7-5 所示。

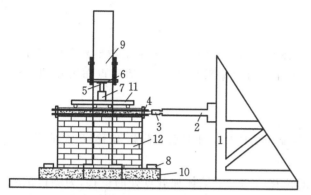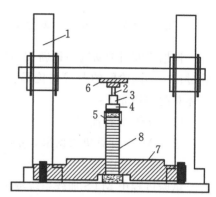

1—反力墙;2—水平拉压千斤顶;3—拉压传感器;
4—夹具;5—竖向千斤顶;6—滑动支座;
7—力传感器;8—压梁;9—荷载架;
10—底梁;11—分配梁;12—试验墙体

1—荷载架;2—竖向千斤顶;
3—力传感器;4—分配梁;
5—夹具;6—滑动支座;
7—压梁;8—试验墙体

图 7-4　试验加载装置图

图 7-5　试验加载装置实景图

试验参照《建筑抗震试验规程》(JGJ/T 101—2015)进行。在试验开始前,首先进行预加载,确保所有仪器正常工作及墙体对中固定。竖向荷载采用液压千斤顶施加,并在整个试验过程中保持不变。然后进行水平预加荷载,以位移 0.1 mm、0.2 mm 控制反复推拉两次。

在预加载完成并确认可以进行正式加载后,进行正式加载。采用位移控制分级进行加载,位移控制加载以 $\Delta=0.5$ mm 为极差,每级循环一次,当荷载下降较多时,调大位移控制步长至 2 mm。每级荷载来回推拉一个循环,直至墙体荷载下降至极限荷载的 85% 后终止加载,此时即认为墙体破坏,结束试验。卸载时首先将 MTS 复位,卸除水平荷载后再卸竖向千斤顶荷载[156-159]。

7.2.3.2 观测项目及数据采集

根据研究目的研究该种新型砌体墙体基本的抗震性能,主要采集新型复合墙体在试验过程中不同阶段的荷载与位移。使用计算机数据采集系统,具体测点布置见图 7-6。具体观测项目如下:

(1)荷载-位移曲线

通过 MTS 计算机数据采集系统,绘制出墙体顶部加载点的荷载-位移(P-Δ)曲线。

(2)墙体位移

试验过程中 MTS 加载系统输出的位移值为试验墙体加载点处的位移,为测得试验墙体底梁在试验加载过程中是否有滑移和试验墙体三分点处的实际水平位移,分别在试验墙体顶部加载点处、墙体高度三分点处及底梁端部布置位移计以便测量墙体实际水平位移。位移计采用 MTS 自动采集数据的电子位移计,通过 MTS 数据采集系统,在试验过程中自动采集。在墙体底梁处布置一个机械式位移计,观察在低周反复试验过程中墙体的滑移情况。墙体顶部发生的位移与底梁处位移的差值即为墙体的实际位移。

(3)裂缝形态及裂缝发展

记录墙体的裂缝发展过程和破坏时的裂缝形态,利用毛笔描画出每条裂缝出现的先后顺序、形状,利用相机实时记录墙片的裂缝发展过程。裂缝形态及发展过程主要通过肉眼进行观察,在试验初期为了便于观察裂缝发展,在墙体两侧采用石灰浆抹面并利用墨线喷涂出墙体的水平灰缝和竖向灰缝。

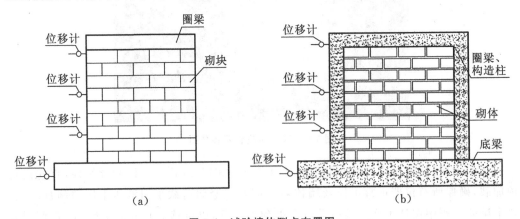

图 7-6 试验墙体测点布置图

(a)无构造柱、圈梁墙体;(b)布置构造柱、圈梁墙体

7.3　试 验 结 果

7.3.1　试验破坏过程及形态描述

（1）试验墙体 Q-1

Q-1 为普通新型混凝土砌块 EPS 复合墙体，未采取圈梁、构造柱等构造措施。竖向正应力为 64.8 kN（即 0.3 MPa×1080 mm×200 mm），在试验过程中保持不变。在试验开始的前几个荷载循环中，试验墙体的滞回曲线基本保持直线，墙体处于完全弹性状态，卸除试验荷载后墙体无残余变形。随着试验的继续进行，首先在墙体两端底部出现数条微裂缝，此时荷载达到 30 kN 左右，伴随着裂缝的开展，墙体发出噼啪的开裂声。继续加载至 50 kN 左右时墙体底部两端裂缝开始变宽、延伸至底部第二皮砖高度处，长约 9 cm、宽约 0.5 mm。当试验墙体位移达到 30.5 mm 左右时，墙体底部裂缝两端延伸至墙体侧面，同时墙体发出噼啪的开裂声，底部墙体出现外鼓现象。继续加载，当力-位移曲线中的荷载下降至峰值荷载的 85％时即认为墙体破坏，停止加载，墙体破坏形式见图 7-7。

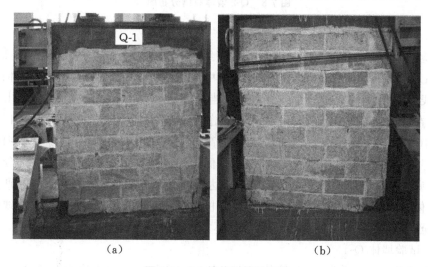

（a）	（b）

图 7-7　Q-1 墙体裂缝分布图

（2）试验墙体 Q-2

试验墙体 Q-2 为普通墙体，墙体两端无约束构造柱。竖向正应力为 129.6 kN（$\sigma=$ 0.6 MPa×1080 mm×200 mm），在试验过程中保持不变。在加载初期，试验墙体的荷载-位移曲线呈线性，墙体处于完全弹性状态。当荷载达到 35 kN 左右时在墙体底部右侧一皮砖高度处出现细小微裂缝，且在加载过程中发出轻微噼啪的开裂声。继续加载，当位移达到 15 mm 左右时在墙体底部两端及中部出现大量细小裂缝,裂缝方向与水平线夹角为 60°左右。继续加载,当荷载达到 60 kN 左右时,斜裂缝继续发展、延伸,底部裂缝与墙体中部裂缝连通,形成八字形主斜裂缝,同时伴随有噼啪的墙体碎裂声及墙片脱落现象。继续加载,当力-位移曲线中的荷载下降至峰值荷载的 85%时即认为墙体破坏,停止加载,墙体破坏形式见图 7-8。

(a)   (b)

图 7-8   Q-2 墙体裂缝分布图

(3) 试验墙体 Q-3

试验墙体 Q-3 为普通墙体,墙体两端无约束构造柱。竖向正应力为 64.8 kN($\sigma = 0.3$ MPa×1080 mm×200 mm),在试验过程中保持不变。在加载初期,试验墙体的荷载-位移曲线呈线性,墙体处于完全弹性状态。当荷载达到 30 kN 左右时,墙体发出噼啪的开裂声,在墙体底部两端出现大量细小斜裂缝,与水平方向大致呈 45°。继续加载,当位移达到 10 mm 左右时,在墙体底部一皮砖的高度处出现水平裂缝,并伴随有噼啪的砌体碎裂声。当位移达到 20 mm 左右时,墙体一侧底部水平裂缝贯穿,出现墙皮部分脱落现象,墙体底部两端砌块被压溃。当施加荷载达到 35 kN 左右时,墙体底部两侧砌体受压破坏,墙体发出清脆的噼啪碎裂声,墙体达到极限荷载。继续加载,当力-位移曲线中的荷载下降至峰值荷载的 85%时即认为墙体破坏,停止加载,墙体破坏形式见图 7-9。

(4) 试验墙体 Q-4

试验墙体 Q-4 为普通墙体,墙体两端无约束构造柱。竖向正应力为 129.6 kN($\sigma = 0.6$ MPa×1080 mm×200 mm),在试验过程中保持不变。在加载初期,试验墙体的荷载-位移曲线呈线性,墙体处于完全弹性状态。当施加荷载达到 30 kN 左右时,在墙体底部两侧产生数条竖向裂缝,长度为 10 cm 左右。继续加载,在墙体底部两侧、上部中间部位出现大面积细小斜裂缝,与水平方向夹角为 60°左右,并伴随有墙体噼啪的碎裂声。当施加荷载达到 35 kN 左右时,墙体底部斜向裂缝与中部斜向裂缝开始贯通,不断延伸、发展,宽度达到 1 mm 左右,两条交叉的斜向主裂缝逐渐形成。在随后的几级荷载循环中,

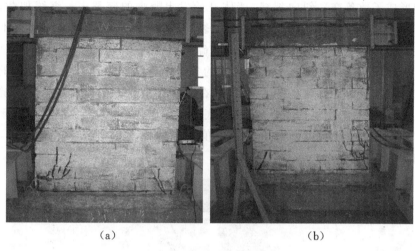

（a）   （b）

图 7-9 Q-3 墙体裂缝分布图

两条交叉主裂缝进一步延伸、开展，同时在两条交叉斜向主裂缝平行方向周围产生大面积斜向次裂缝。继续加载，墙体发出清脆的噼啪碎裂声，出现墙皮脱落现象及角部砌体压溃现象。继续加载，当力-位移曲线中的荷载下降至峰值荷载的 85% 时即认为墙体破坏，停止加载，墙体破坏形式见图 7-10。

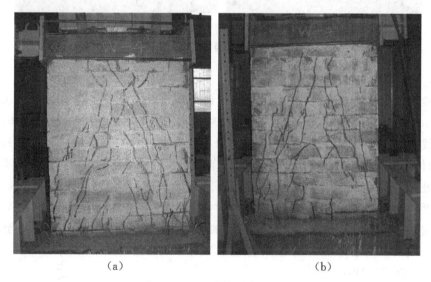

（a）   （b）

图 7-10 Q-4 墙体裂缝分布图

（5）试验墙体 Q-5

试验墙体 Q-5 为普通墙体，墙体两端无约束构造柱。竖向正应力为 64.8 kN（$\sigma =$ 0.3 MPa×1080 mm×200 mm），在试验过程中保持不变。在加载初期，试验墙体的荷载-位移曲线呈线性，墙体处于完全弹性状态。当施加荷载达到 20 kN 左右时，在墙体底部两侧形成了数条交叉斜向裂缝,墙体开始发出噼啪的碎裂声。继续加载,当位移达到 5 mm 左右时,在墙体中部产生的斜向裂缝与底部斜向裂缝逐步贯通、延伸,45°斜向剪切主裂缝形成,墙体伴随有清脆的噼啪碎裂声。当位移达到 10 mm 左右时,在墙体底部第二皮砖的高度处形成了水平贯通的裂缝。继续加载,墙体底部两端的斜向裂缝增多,45°斜向剪切主裂缝宽度逐渐增加,在主裂缝平行方向形成数条次裂缝。当位移达到 12 mm 左右时墙体达到峰值荷载,底部两端砌体压溃,出现墙皮脱落现象。继续加载,当力-位移曲线中的荷载下降至峰值荷载的 85% 时即认为墙体破坏,停止加载,墙体破坏形式见图 7-11。

图 7-11 Q-5 墙体裂缝分布图

(6)试验墙体 Q-6

试验墙体 Q-6 为普通墙体,墙体两端无约束构造柱。竖向正应力为 64.8 kN($\sigma = 0.3$ MPa×1080 mm×200 mm),在试验过程中保持不变。在加载初期,试验墙体的荷载-位移曲线呈线性,卸载后无残余变形,墙体处于完全弹性状态。当施加荷载达到 20 kN 时,在墙体底部两端出现细小斜向裂缝和数条竖向裂缝。继续加载,在墙体底部一皮砖的高度处产生水平向裂缝,墙体底部两端斜向裂缝增多,长度变长,同时伴随有噼啪的碎裂声。继续加载,当位移达到 25 mm 左右时,墙体水平裂缝逐渐贯通,底部两端部分砌体被压溃,墙体滞回曲线转为反 S 形。继续加载,当力-位移曲线中的荷载下降至峰值荷载的 85% 时即认为墙体破坏,停止加载,墙体破坏形式见图 7-12。

(7)试验墙体 W-1

试验墙体在试验过程中的破坏过程整体可以分为以下三个阶段:弹性阶段、弹塑性阶段和破坏阶段。对于采取约束构造柱、圈梁加强的新型混凝土砌块 EPS 复合墙体在低周往复荷载作用下的破坏形态相似,由于圈梁、构造柱形成的弱框架对复合砌体墙片的约束作用,使试验墙体产生明显的斜向剪切裂缝,主要破坏形态表现为剪切型破坏。

（a）   （b）

图 7-12　Q-6 墙体裂缝分布图

在试验开始前三个循环墙体位移很小,墙体处于完全弹性状态,荷载-位移曲线接近直线且无裂缝发展。继续加载,当位移达到 5 mm 左右时,墙体发出轻微噼啪的碎裂声,在墙体中部对角线方向产生第一条明显的斜向裂缝,且在加载过程中不断向墙体对角方向延伸,此时荷载为 56.8 kN。待第 10 级荷载加载结束,裂缝基本沿对角线方向贯穿,宽度约为 0.5 mm。反向加载过程中沿第一条主裂缝交叉的对角线方向产生斜向裂缝,在继续加载过程中裂缝不断延伸变宽,形成较为明显的 X 形交叉的剪切斜裂缝。在随后的加载过程中,墙体不断发出噼啪的碎裂声,两条交叉主裂缝周围产生很多条细小裂缝,且在反向加载时闭合,墙体呈现明显的塑性性质。在水平往复荷载作用下,接近极限时,墙片形成两条沿对角线交叉的从构造柱柱顶延伸至柱底的斜向主裂缝,在加载过程中不断向两端延伸、变宽。在两条斜向交叉裂缝中部形成一段水平裂缝区域,破坏较为严重,出现新型复合墙体外模部分破坏的情况,最终从墙体上脱落。当荷载达到 178 kN 左右时,墙体中部新型复合墙体外模部分破坏、脱落,且在构造柱底部产生斜向裂缝,部分混凝土被压碎,墙体达到极限承载力。继续加载,当荷载下降至峰值荷载 85% 以下时停止加载,墙体破坏。墙体破坏形式见图 7-13。

（8）试验墙体 W-2

W-2 墙片的破坏过程与 W-1 的基本类似,墙片在试验开始前施加竖向荷载 177.6 kN($\sigma=0.6$ MPa×200 mm×1480 mm),在试验过程中保持不变。破坏过程基本可分为弹性阶段、弹塑性阶段及破坏阶段。

在试验开始的前四个循环加载过程中,墙体基本处于弹性状态,荷载-位移曲线呈线性关系。在第五级荷载正向加载过程中,墙体发出噼啪的破碎声,沿墙体对角线方向产生较长的一条斜向裂缝,沿灰缝阶梯形分布。继续加载,在第一条主斜裂缝上方产生许多条与其平行的细小裂缝,同时在平行于另一条对角线方向产生较多细小的斜向裂缝。

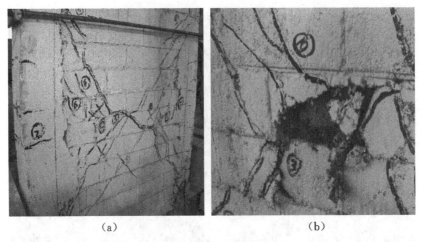

图 7-13　W-1 墙体裂缝分布图

同时滞回曲线不断扩展、增大,呈反 S 形状。当位移达到 15 mm 左右时,第一条对角线方向的主斜裂缝开始向两端延伸、变宽,伴随有噼啪的墙体开裂声,最大宽度达到 1 mm 左右,此时施加荷载达到 78.6 kN。在墙片两端构造柱中部及下部沿高度方向产生数条横向裂缝,表明墙体表现出一定的弯曲破坏。由于 W-2 墙体竖向正应力较大,因此没有产生与 W-1 类似的沿对角线 45°分布的交叉斜裂缝,而产生大面积的角度大于 45°的交叉斜裂缝。当水平荷载达到 165 kN 左右时,在墙片构造柱底部产生两条横向裂缝,在墙片上部产生大量交叉的 X 形裂缝,同时第一条主裂缝继续向两端延伸至构造柱内部且变宽,墙体达到最大承载力,出现墙皮脱落现象。当荷载下降到峰值荷载的 85％以下时停止加载,墙体破坏。墙体破坏形式见图 7-14。

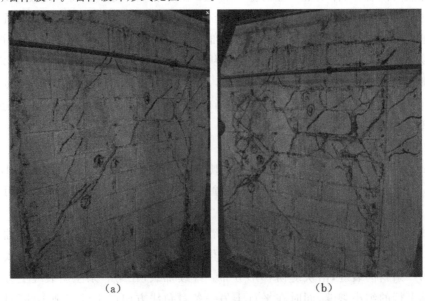

图 7-14　W-2 墙体裂缝分布图

（9）试验墙体 W-3

W-3 墙体在试验开始前施加竖向荷载,竖向荷载在试验过程中保持不变,其值为 88.8 kN（$\sigma = 0.3$ MPa×200 mm×1480 mm）。在试验开始后的前两级荷载增加过程中,墙体基本处于弹性状态,墙片滞回曲线接近直线。随着荷载继续增加,当位移达到 6 mm 时墙体出现第一条细小斜向裂缝,沿墙体对角线方向。当墙体位移达到 10 mm 左右时,沿第一条斜裂缝方向产生了第二条斜向主裂缝,沿墙体对角线方向基本贯通。当位移达到 12 mm,反向加载时,产生沿墙体另一对角线方向平行的第三条斜向裂缝,且伴随有噼啪的墙体开裂声。随着荷载的加大,在平行两条对角线方向产生大量细小斜裂缝,在反向加载过程中裂缝闭合,表现出明显的塑性性质。在砌体产生大面积的斜向裂缝的同时,在两端构造柱中部及下部沿高度方向产生数条横向裂缝。继续加载,斜向裂缝开始向两端扩展、贯通,并呈现阶梯形沿墙体两对角线方向发展,最终与构造柱横向裂缝连通。

当施加荷载达到 150 kN 左右时,在平行两对角线方向产生大面积细小裂缝,墙体中部开始出现墙皮脱落现象,墙体达到最大承载力。当荷载下降到峰值荷载的 85% 以下时停止加载,墙体破坏。墙体破坏形式见图 7-15。

|（a）|（b）|

图 7-15　W-3 墙体裂缝分布图

7.3.2　试验墙体滞回曲线及骨架曲线

（1）墙体滞回曲线

滞回曲线是墙体在水平反复荷载作用下墙体水平荷载与墙片非弹性变形之间的关系曲线。滞回曲线能够综合反映墙体的强度、刚度、变形能力、耗能及刚度退化等性能,是墙体各种抗震性能指标计算的依据。滞回曲线中滞回环的形态基本可以分为梭形、弓形、反 S 形和 Z 形[160]。梭形滞回曲线耗能性能最佳,滞回曲线最饱满。弓形滞回曲线有明显的"捏缩"效应,导致曲线不够饱满,具有较低耗能性能;反 S 形滞回曲线是在加载过程中位移变化速率大于荷载变化速率,即试验墙体产生了滑移现象。例如砌体墙体在试验过程中达到极限状态后会产生一些滑移现象,滞回曲线多呈反 S 形;Z 形滞回曲线反映了大量的滑移现象,如小剪跨比而斜裂缝又可以充分发展的构件,在砌体墙体中,也有部分构件的滞回环呈现 Z 形[161]。

各试件实测滞回曲线见图 7-16,可以发现各墙体的滞回曲线具有一些共同特征。

① 在试验加载开始到试件开裂前荷载较小,滞回环基本重合,滞回面积较小,滞回环基本呈梭形。试验墙体刚度变化不明显,基本处于弹性工作阶段。

② 随着试验荷载的逐步增大,试验墙体开始出现第一条微裂缝,裂缝不断开展的同时,试验墙体的力-位移曲线逐渐向位移轴倾斜,刚度开始降低。试验墙体进入弹塑性阶段。在墙体开裂后且未达到极限荷载时,试验墙体的滞回曲线明显表现为反 S 形,大面积开展的微裂缝使墙体产生了一定的滑移。

③ 试件达到极限荷载后,承载力开始出现下降,墙体主裂缝形成。由于大量斜向裂缝的出现及发展使砌块之间产生了滑移,使得滞回环呈现反 S 形。

④ 对比各个带构造柱新型复合墙体与普通新型复合墙体的滞回曲线可以发现,W-1 至 W-3 墙体的滞回曲线较 Q-1 至 Q-6 墙体饱满,具有较好的耗能性能。

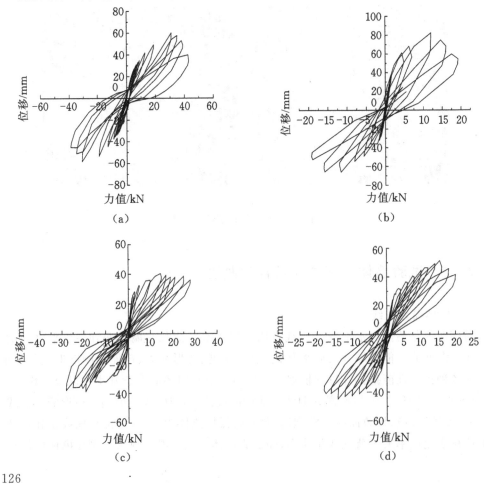

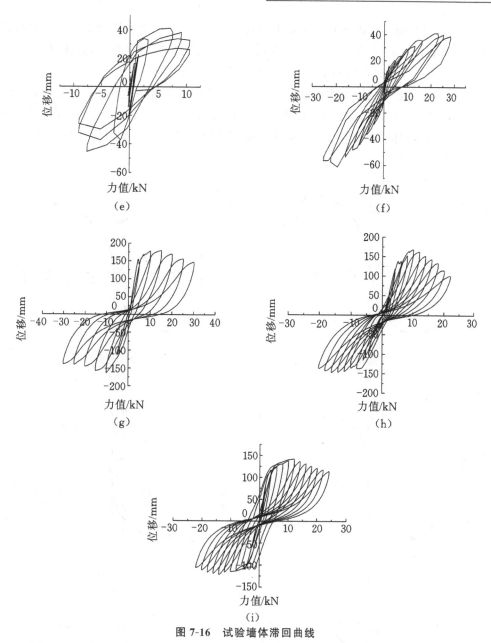

图 7-16　试验墙体滞回曲线

（a）Q-1 墙体滞回曲线；（b）Q-2 墙体滞回曲线；（c）Q-3 墙体滞回曲线；（d）Q-4 墙体滞回曲线；（e）Q-5 墙体滞回曲线；
（f）Q-6 墙体滞回曲线；（g）W-1 墙体滞回曲线；（h）W-2 墙体滞回曲线；（i）W-3 墙体滞回曲线

（2）墙体骨架曲线

试验墙体的滞回曲线中各级荷载的峰值点连接而成的包络曲线即为骨架曲线。骨架曲线能够综合反映试验墙体在低周反复荷载作用下的力-位移关系[162]。通过骨架曲线可以反映出试验墙体的关键力学特征。各墙体的骨架曲线如图 7-17 所示，由图可知：

① 墙体骨架曲线在砌体开裂前基本为直线,试件处于完全弹性状态。继续加载,当荷载超过开裂荷载后,骨架曲线开始出现拐点,但没有明显屈服平台出现,此时试件处于弹塑性变形阶段。达到极限荷载之后试验墙体荷载开始下降。

② 两端带构造柱试验墙体的抗剪承载力均高于两端不带构造柱的普通墙体,对于该新型复合墙体,两端带构造柱约束措施的墙片承载力更高。比较 W-1、W-2 两片墙体可以发现,W-1 在破坏时的变形要大,表明在低应力状态下的墙片变形能力和延性要优于高应力状态下的墙体。

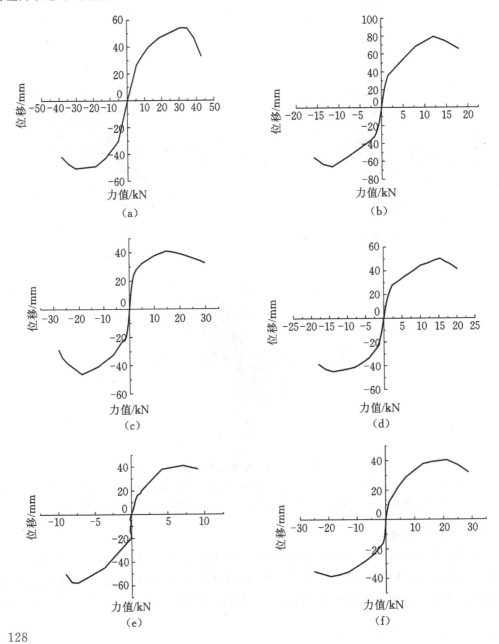

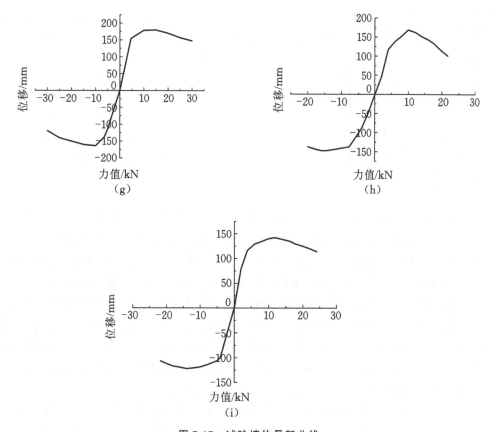

图 7-17　试验墙体骨架曲线

(a)Q-1 墙体骨架曲线;(b)Q-2 墙体骨架曲线;(c)Q-3 墙体骨架曲线;(d)Q-4 墙体骨架曲线;(e)Q-5 墙体骨架曲线;
(f)Q-6 墙体骨架曲线;(g)W-1 墙体骨架曲线;(h)W-2 墙体骨架曲线;(i)W-3 墙体骨架曲线

③ 对比相同竖向正应力、相同高宽比、不同内芯强度的两个试件 W-1、W-3 可以发现,采用强度较高内芯 EPS 混合土的 W-1 具有较高的抗剪承载力。可以看出内芯 EPS 混合土是影响此种新型复合墙片抗剪承载力的主要因素之一。

7.3.3　试验墙体荷载和位移

试验墙体试件实测数据见表 7-5。

表 7-5　试验墙体水平荷载实测结果

试件编号	剪跨比(H/B)	竖向正应力/MPa	开裂荷载/kN	极限荷载/kN	破坏荷载/kN
Q-1	1.0	0.3	26.2	59	50
Q-2	1.0	0.6	36	74	62.9

续表7-5

试件编号	剪跨比(H/B)	竖向正应力/MPa	开裂荷载/kN	极限荷载/kN	破坏荷载/kN
Q-3	1.44	0.3	24	43.5	36.8
Q-4	1.44	0.6	28	48	40.8
Q-5	1.0	0.3	16	50	41.8
Q-6	1.44	0.3	12	41.5	35.3
W-1	1.0	0.3	75	171.1	143.4
W-2	1.0	0.6	64.5	158	120
W-3	1.0	0.3	50	135.5	110

在砌体结构的墙体试验中,墙体的开裂荷载一般很难精确确定,当采用肉眼观察墙体裂缝发展时,观察到的第一条裂缝往往有误差。因此在确定试验墙体的开裂荷载时,主要以肉眼观测综合滞回曲线和骨架曲线的变化加以判断,最终数据处理时结合试验经验,开裂荷载取值以观察到第一条裂缝出现时的荷载为准,同时参考骨架曲线上发生明显拐点的荷载值,进行比较后综合确定。极限荷载与极限位移以试验墙体滞回曲线中的荷载最大值点与相应的位移为准。当荷载值下降为极限荷载的85%时即认为墙体破坏,此时的荷载即为破坏荷载,位移为破坏位移。本文的破坏状态为试验最后一次循环所对应的状态,其荷载值为80%~85%的极限荷载。

试验墙体的水平荷载实测结果与水平位移实测结果分别见表7-6。试验过程中,试验墙体的开裂荷载取水平低周反复荷载正反加载方向的荷载平均值,开裂位移取正反加载方向的位移平均值;极限荷载和破坏荷载以及极限位移和破坏位移取正反加载方向的荷载、位移平均值[163,164]。

表7-6　试验墙体水平位移实测结果

试件编号	剪跨比(H/B)	竖向正应力/MPa	开裂位移/mm	极限位移/mm	破坏位移/mm
Q-1	1.00	0.3	5.3	21.8	24.3
Q-2	1.00	0.6	1.6	12.8	19.9
Q-3	1.44	0.3	1.7	11.5	16.9
Q-4	1.44	0.6	2.4	14.0	20.8
Q-5	1.00	0.3	0.8	7.5	17.0
Q-6	1.44	0.3	1.2	20.5	28.3
W-1	1.00	0.3	4.6	18.4	29.9
W-2	1.00	0.6	3.9	13.9	21.0
W-3	1.00	0.3	2.5	12.0	23.0

7.3.4 本节小结

（1）概述了此次试验墙体所采用的各种材料与材料性能，在进行试验的同时，依据相关规范、标准进行了所用材料的材性试验。

（2）详细介绍了本书试验墙体试件的制作过程、制作工艺，明确了试验墙体的各个参数及底梁、构造柱、圈梁的配筋等情况。

（3）对试验过程中所需要的仪器设备及墙体的构造图进行了描述，绘制了试验的加载装置图，同时详细介绍了本次试验所采取的加载制度、试验墙体的观测项目、测点布置等，为后续章节的理论分析提供依据。

（4）详细描述了3片采用约束构造柱措施试验墙体以及6片未采用约束构造柱加强措施的普通新型复合墙体的破坏过程及破坏形态。主要详细描述了试验墙体在加载过程中裂缝的产生、开展及最终主裂缝的形态。

（5）根据 MTS 数据采集系统所采集的力-位移数据绘制出了各个墙体的滞回曲线及骨架曲线，并简要分析了各个阶段墙体滞回曲线的形态。同时根据试验过程中的数据记录及墙体骨架曲线的形态，确定了各个墙体的开裂、极限及破坏等特征点的荷载及位移。

7.4 新型复合墙体抗震性能分析

7.4.1 概述

本节详细介绍了9片新型复合墙体在低周反复荷载作用下的破坏过程以及破坏形态，从构造柱裂缝的出现和发展、砌体部分裂缝的出现和发展两个方面描述了采取约束构造柱、圈梁的新型复合墙体与普通新型复合墙体的破坏过程及主要特点。对各试验墙体的滞回曲线、骨架曲线进行对比分析。

对比分析了带构造新型复合墙体与普通新型复合墙体承载力、位移、延性、刚度退化和耗能性能等基本的抗震性能。

7.4.2 试验墙体破坏过程分析

7.4.2.1 破坏过程主要特点

（1）构造柱裂缝发展

当砌体部分裂缝出现以后，采取约束构造柱加强的新型复合墙体在两侧约束构造柱沿竖直方向均出现水平细小裂缝;从墙体约束构造柱中这些水平细小裂缝的开裂和发展形态可以看出,墙体两端的约束构造柱对墙体起到了很好的约束作用。墙体两端约束构造柱中最终破坏较为严重的主要有两处,首先是由于墙体主裂缝的发展而导致的约束构造柱柱根部位发生的 45°裂缝,墙体破坏时压溃;其次是约束构造柱顶端产生了大量的斜向微小裂缝,最终与砌体部分主裂缝贯通。

(2) 砌体部分裂缝发展及破坏形态

各试验墙体砌体部分的破坏过程与形态具有一定的相似性。墙体的破坏过程可以分为弹性阶段、弹塑性阶段、破坏阶段。

对于采取约束构造柱、圈梁加强的新型复合墙体的破坏过程及特征基本相同。一般都是先在墙体中部沿对角线方向产生交叉斜向剪切裂缝,继续加载过程中主裂缝继续发展形成交叉的主斜裂缝,同时在主裂缝两边产生一些细小的次裂缝。在墙体破坏阶段,随着墙体位移的进一步加大,主裂缝进一步发展并产生大面积的交叉次裂缝,并伴随有噼啪的墙体碎裂声、墙皮脱落,最终墙体被交叉主斜裂缝分割而破坏。

对于未采取约束构造柱的普通墙体,由于没有两端约束构造柱的约束,一般很难产生明显的剪切交叉斜裂缝,但各普通墙体具有一定的共同特征。一般首先在墙体底部产生与水平方向大约呈 45°的斜向裂缝,随着荷载的逐渐增大,在墙体中部也产生一定数量的 45°斜向裂缝。最终中部的斜向裂缝与底部裂缝贯通形成主裂缝,将墙体分割,最终破坏。

墙体破坏受竖向正应力及内芯强度等方面的影响,主要表现在以下几个方面:从墙体的裂缝发展形态来看,墙体在水平推拉荷载作用下产生较完整的 45°X 形交叉斜向裂缝,并且在墙体中部形成的水平裂缝开展区域破坏较为严重,出现墙皮脱落现象。W-2 墙体较 W-1 墙体具有较大竖向正应力,在水平推拉荷载作用下墙体产生了大于 45°的交叉斜向裂缝,且 W-2 墙体次裂缝开展的面积及数量要多于 W-1 墙体,破坏形态更倾向于受剪切斜压破坏。W-3 墙体与 W-1 墙体相比较,具有相同的竖向正应力,但内芯强度要低于 W-1 墙体。W-3 墙体破坏时的裂缝形态总体也是沿两对角线方向形成了交叉斜向裂缝,最终将墙体分割而破坏,在两条主交叉斜向裂缝周围产生了大量的次斜裂缝。同时,较低的内芯强度使得 W-3 具有较低的抗剪承载力。

7.4.2.2 破坏过程的阶段划分

对于新型复合墙体破坏过程,从试验墙体开始加载到终止试验,大致可分为弹性阶段、弹塑性阶段及破坏阶段三个阶段:

第一阶段:弹性阶段,从加载开始到产生第一条斜向裂缝。试验墙体基本处于完全弹性状态,整片墙体受力均匀,力-位移曲线呈线性关系,卸载后墙体无残余变形。

第二阶段:弹塑性阶段,从砌体部分第一条斜裂缝出现开始,到试验墙体达到极限承载力。随着试验荷载的不断增大,试验墙体陆续有新裂缝的出现、旧裂缝的发展,不断发出噼啪的砌体开裂声。在墙体中部及墙体底部产生大面积的微裂缝,墙体开始产生较大的滑移变形,滞回环逐渐向位移轴倾斜,墙体刚度下降,滞回曲线呈现反 S 形。

第三阶段：破坏阶段，从试件达到极限荷载到墙体破坏，终止加载。此期间裂缝明显增多并发展，墙体刚度下降明显，试件承载力处于下降阶段，滞回环开始明显向位移轴倾斜，随着裂缝的增多，墙体滑移量增大，滞回曲线呈现反 S 形。在约束构造柱顶端与底端出现数条斜向裂缝，与新型复合墙体砌体部分的斜向裂缝逐渐连通，斜裂缝向左上或右上对角线发展，直至某一对角线方向的主裂缝明显开裂，且在主裂缝周围形成大量的次裂缝。主裂缝进一步开裂并发展，将墙体分割成四块，砌体部分出现掉块现象，墙体水平方向位移显著增加，破碎严重。

7.4.3 滞回曲线和骨架曲线对比分析

低周反复荷载作用下的滞回曲线可以综合反映出新型复合墙体的刚度、承载力、延性性能、耗能能力等基本的抗震性能。各类型新型复合墙体的滞回曲线详见第 2 章。观察各个试验墙体的滞回曲线，可以发现它们具有一些共同特征：

（1）在加载初期，力-位移基本呈线性关系，滞回环基本重合，滞回面积很小，此时试验墙体基本处于完全弹性阶段，墙体的刚度变化不大。

（2）随着荷载和位移的增大，墙体开始出现一定数量的微裂缝，随着微裂缝数量的增多、裂缝宽度和长度的进一步发展，滞回环开始向位移轴倾斜，面积逐渐增大，由最开始的梭形逐渐转变为反 S 形，试件进入弹塑性工作阶段。

（3）当试验墙体达到极限荷载后，承载力和刚度下降明显，滞回环向位移轴倾斜明显。随着裂缝的增多，墙体的滑移变形逐渐增大，滞回曲线呈现反 S 形。

在低周反复荷载试验中，骨架曲线是把每级荷载作用下的力-位移曲线峰值点连接起来（包络线）得到一种曲线。试验构件的一些特征点都会在骨架曲线上反映出来。其中采取约束构造柱的新型复合墙体的骨架曲线对比图、未采取约束构造柱的普通墙体的骨架曲线对比图以及各试验墙体骨架曲线相互对比图见图 7-18。

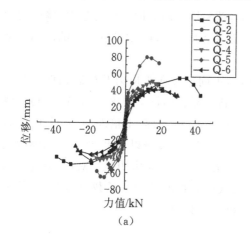

(a)

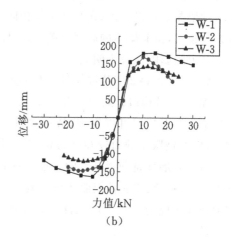

(b)

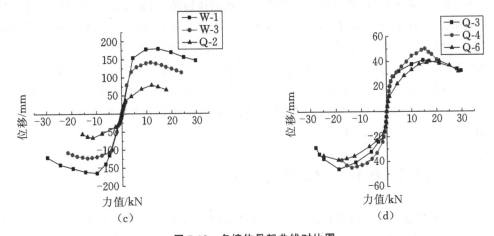

图 7-18　各墙体骨架曲线对比图

(a)普通新型复合墙体骨架曲线对比图；(b)带构造柱新型复合墙体骨架曲线对比图；

(c)W-1、W-3、Q-2 墙体骨架曲线对比图；(d)Q-3、Q-4、Q-6 墙体骨架曲线对比图

　　通过对比图 7-18 中各种带约束构造柱的新型复合墙体的骨架曲线，可以看出骨架曲线在加载初期很相近，基本按统一趋势发展。在试验墙体开裂以后，墙体的刚度开始明显下降，同时产生了大量的滑移变形，即位移显著增大的同时荷载下降明显。同时对比 W-1 与 W-3、W-1 与 W-2 可以看出，内芯强度较高的 W-1 极限荷载较大，同时具有较大竖向正应力的 W-2，其极限荷载与 W-1 相差不大。

　　通过对比图 7-18 中各不带构造柱的普通墙体的骨架曲线可以发现，与设有约束构造柱墙体的类似骨架曲线在加载初期很相近，基本按统一趋势发展，但由于缺少墙体两端的约束构造柱约束墙体的变形，使得在开裂后墙体的刚度下降速率增大，即在墙体开裂以后，普通新型复合墙体的刚度下降速率较采取约束构造柱的新型复合墙体快。试件一进入开裂阶段刚度就开始明显下降，骨架曲线开始明显向位移轴倾斜。此外，对比图中各条骨架曲线可以看出，在其他条件相同条件下，试验墙体的竖向正应力越大，墙体的承载力也越大，试验墙体的高宽比越大，墙体的承载力反而越小，且 EPS 混合土的内芯强度对承载力的影响也较为明显。

　　W-1、W-3、Q-2 三片墙体具有相同的高宽比，不同的竖向正应力及内芯强度。其中 W-1、W-3 为带构造柱新型复合墙体，Q-2 为普通新型复合墙体。观察 W-1、W-3、Q-2 墙体骨架曲线对比图可以发现，W-1 墙体极限承载力较 Q-2 的高 1 倍左右，最大位移高 52%；W-3 极限承载力较 Q-2 的高 83%，最大位移高 37.5%。可以看出，设置于墙体两端的构造柱对墙体抗剪承载力的贡献及对墙体变形能力的改善非常明显。对比 Q-3、Q-4、Q-6 三片复合墙体的骨架曲线可以发现，具有较低内芯强度的 Q-6 承载力最低，而具有较大竖向正应力的 Q-4 墙体较 Q-3 具有较高的抗剪承载力。

7.4.4 位移延性对比分析

7.4.4.1 墙体水平位移对比

各试验墙体不同阶段的顶点水平位移如表 7-7 所示。各试验墙体不同阶段顶点水平位移对比图如图 7-19 所示。

表 7-7 水平位移实测结果

试件编号	剪跨比(H/B)	竖向正应力/MPa	开裂位移/mm	极限位移/mm	破坏位移/mm
Q-1	1.00	0.3	5.3	21.8	24.3
Q-2	1.00	0.6	1.6	12.8	19.9
Q-3	1.44	0.3	1.7	11.5	16.9
Q-4	1.44	0.6	2.4	14.0	20.8
Q-5	1.00	0.3	0.8	7.5	17.0
Q-6	1.44	0.3	1.2	20.5	28.3
W-1	1.00	0.3	4.6	18.4	29.9
W-2	1.00	0.6	3.9	13.9	21.0
W-3	1.00	0.3	2.5	12.0	23.0

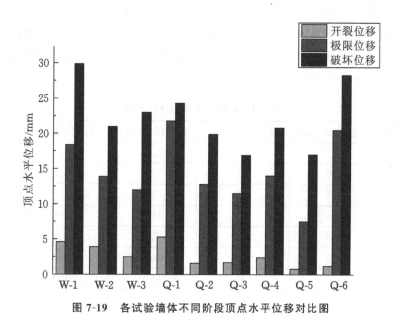

图 7-19 各试验墙体不同阶段顶点水平位移对比图

7.4.4.2 延性对比分析

延性是各种结构、构件的抗震性能中一个重要的特性,它是指结构或结构构件在屈服后保持承载能力不下降的前提下所具有的变形能力的相对大小[165]。延性系数是结构抗震设计中的一个重要指标,它是反映结构构件塑性变形能力的重要参数,延性系数的大小可以反映出结构构件抗震性能的好坏[166]。本文采用位移延性系数来表示试验墙体延性的大小,计算公式如下:

$$\mu = \Delta_d / \Delta_y \tag{7-1}$$

式中 μ ——位移延性系数;

Δ_y ——试验墙体屈服位移(mm);

Δ_d ——试验墙体破坏位移(mm),即荷载下降到峰值荷载的85%时所对应的墙体位移。

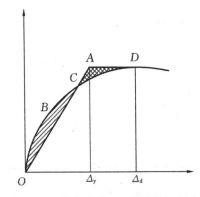

图 7-20 能量等值法确定墙体屈服点

在延性系数计算的过程中,屈服位移的确定是一个关键因素。通常采用的方法有能量等值法和通用屈服弯矩法两种。本文采用能量等值法,即试验墙体骨架曲线所包络面积互等的办法来确定屈服点。具体有关屈服位移的确定方法如图 7-20 所示,曲线 OBD 为试验墙体骨架曲线的一部分,过峰值点作切线 AD 与骨架曲线的割线 OC 相交于 A 点,通过调整 OC 使图中 OBC 面积等于 CAD 面积,过交点 A 作垂线即为屈服位移值。各试验墙体的延性系数如表 7-8 所示,为研究新型混凝土砌块复合墙体的延性性能,采取约束构造柱加强的试验墙体位移与普通新型复合墙体延性系数采用相同计算方法,一并列入表 7-8 中进行对比研究。

表 7-8 各试验墙体的延性系数

试件编号/mm	开裂位移/mm	屈服位移/mm	极限位移/mm	破坏位移/mm	延性系数
Q-1	5.3	6.7	21.8	24.3	3.60
Q-2	1.6	5.8	12.8	19.9	3.40
Q-3	1.7	4.6	11.5	16.9	3.70
Q-4	2.4	5.4	14.0	20.8	3.85
Q-5	0.8	4.9	7.5	17.0	3.50
Q-6	1.2	7.8	20.5	28.3	3.60
W-1	4.6	6.05	18.4	29.9	4.90
W-2	3.9	5.2	13.9	21.0	4.03
W-3	2.5	5.56	12.0	23.0	4.20

从以上图表数据中可以得出以下结论:

(1) 通过对比各试验墙体的延性系数可以看出,采取约束构造柱加强的新型复合墙体的延性系数普遍高于普通墙体。新型复合墙体两端约束构造柱可以在砌体开裂后约束砌体的变形,减缓砌体部分的裂缝产生、发展速度,从而提高墙体的整体延性。

(2) 对比试验墙体 W-1、W-2 和 Q-1、Q-2 可以看出,在相同高宽比、相同内芯强度情况下,竖向正应力增大,试验墙体的延性系数有所降低,即高应力状态下的墙体延性性能较低应力状态下的墙体差。

(3) 对比试验墙体 W-1 与 W-3 及 Q-3 与 Q-6 可以发现,采用较高强度 EPS 混合土新型复合墙体反而具有较好的延性性能。

砌体结构的变形能力是衡量其抗震性能的一个重要指标,本次试验采用约束构造柱措施加强了新型复合墙体,使得墙体在开裂后具有很好的变形能力,试验墙体的滞回曲线下降缓慢,这说明圈梁、构造柱措施很好地改善了新型复合墙体的脆性性质,提高了延性,使得墙体在达到极限荷载后,借助圈梁、构造柱形成的弱框架约束体系依旧具有一定的承载力和一定的变形能力。

7.4.5 承载力对比分析

各试验墙体不同阶段的荷载值如表 7-9 所示。各试验墙体不同阶段荷载对比见图 7-21。

表 7-9 各试验墙体不同阶段荷载实测值

试件编号	剪跨比(H/B)	竖向正应力/MPa	开裂荷载/kN	极限荷载/kN	破坏荷载/kN
Q-1	1.00	0.3	26.2	59.0	50.0
Q-2	1.00	0.6	36.0	74.0	62.9
Q-3	1.44	0.3	24.0	43.5	36.8
Q-4	1.44	0.6	28.0	48.0	40.8
Q-5	1.00	0.3	16.0	50.0	41.8
Q-6	1.44	0.3	12.0	41.5	35.3
W-1	1.00	0.3	75.0	171.1	143.4
W-2	1.00	0.6	64.5	158.0	120.0
W-3	1.00	0.3	50.0	135.5	110.0

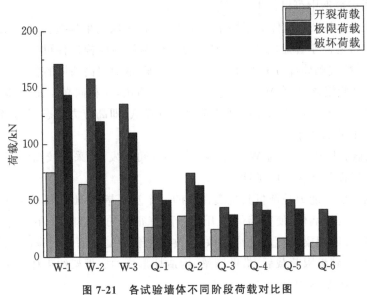

图 7-21　各试验墙体不同阶段荷载对比图

根据以上图表对比 W-1 至 W-3 与 Q-1 至 Q-6 墙体抗剪承载力可以发现,采取约束构造柱、圈梁加强的墙体各阶段承载力明显高于普通墙体,墙体两端的构造柱对墙体抗剪承载力有一定贡献。构造柱对新型复合墙体抗剪强度的贡献主要有两个方面、首先构造柱、圈梁组成弱框架体系可以约束内部砌体变形,阻止砌体裂缝的发展,从而提高了墙体的抗剪强度。其次,构造柱直接参与抗剪。由于本次试验采用实际墙体的 1/2 缩尺模型,试验墙体构造柱间距较小,因此构造柱直接参与抗剪,对墙体的抗剪承载力贡献较大。

此外,通过对比还可发现墙体的承载力与竖向正应力、高宽比、内芯强度均有关。比较 W-2、W-3 及 Q-1、Q-2 可以发现在较大竖向正应力作用下墙体各阶段承载力有所提高。对比 Q-1、Q-2 与 Q-3、Q-4 墙体,可以得出高宽比增大时墙体承载力有所降低。此外,随着 EPS 混合土内芯强度降低,墙体的承载力也有所降低。

7.4.6　耗能能力及黏滞阻尼比

结构或者结构构件的耗能能力是指结构或者结构构件在地震荷载作用下吸收能量的大小,以结构或结构构件的滞回曲线所包围的面积来衡量,在相同条件下,滞回环形状越饱满,滞回曲线所包围的面积越大,结构构件的耗能性能越好。结构的耗能能力也是衡量结构抗震性能的一个重要指标[160]。

对于结构及结构构件的耗能能力大小可以用几个不同的指标来反映。《建筑抗震试验规程》(JGJ/T 101—2015,以下简称《规程》)中规定结构的耗能能力,应该以结构的滞回曲线所包围的面积来计算,如图 7-22 所示。《规程》规定:结构的耗能能力大小应该用耗能系数 β_e 和黏滞阻尼系数 h_e 两个指标来反映。耗能系数 β_e 越大,说明在低周反复荷载试验的一个荷载循环中,结构吸收的能量越多,结构的耗能能力及抗震性能就越好[167]。耗能系数按照下式计算:

$$\beta_e = \frac{S_{FAH} + S_{KEH}}{S_{\triangle AOB} + S_{\triangle EOD}} \tag{7-2}$$

黏滞阻尼比 h_e 是判断结构耗能特性的一个重要指标。黏滞阻尼比 h_e 越大,结构变形时耗散的能量就越多,抗震性能就越好。黏滞阻尼比按照下式计算:

$$h_e = \frac{\beta_e}{2\pi} \tag{7-3}$$

在低周反复荷载试验中,滞回曲线的饱满程度反映结构或构件的耗能能力大小。正向加载的过程是结构或构件吸收能量的过程,反向卸载的过程是结构或构件释放能量的过程,此二者的差值就是结构或构件在一次荷载往复过程中吸收的能量多少即等于一个滞回环所包围的面积。结构的耗能能力是衡量结构抗震性能的一个重要指标,结构的耗能能力越强,则结构的抗震性能越好。

各墙体实测极限荷载耗能系数及阻尼比见表 7-10。为了更直观地说明各个墙体的耗能能力好坏,将表 7-10 中的数据绘制成柱状图,见图 7-23,可以更直观地比较出各个墙体试件的耗能系数大小。

表 7-10 各墙体实测极限荷载耗能系数及阻尼比

试件编号	剪跨比(H/B)	竖向正应力/MPa	砂浆强度/MPa	耗能系数(β_e)	黏滞阻尼系数(h_e)
Q-1	1.00	0.3	9.43	0.440	0.070
Q-2	1.00	0.6	9.43	0.805	0.128
Q-3	1.44	0.3	9.43	0.560	0.089
Q-4	1.44	0.6	9.43	0.527	0.084
Q-5	1.00	0.3	9.43	0.770	0.123
Q-6	1.44	0.3	9.43	0.747	0.119
W-1	1.00	0.3	9.43	0.810	0.130
W-2	1.00	0.6	9.43	0.710	0.113
W-3	1.00	0.3	9.43	0.990	0.158

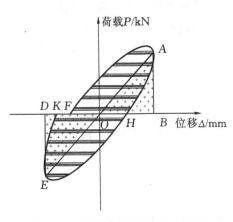

图 7-22　试验墙体滞回耗能示意图

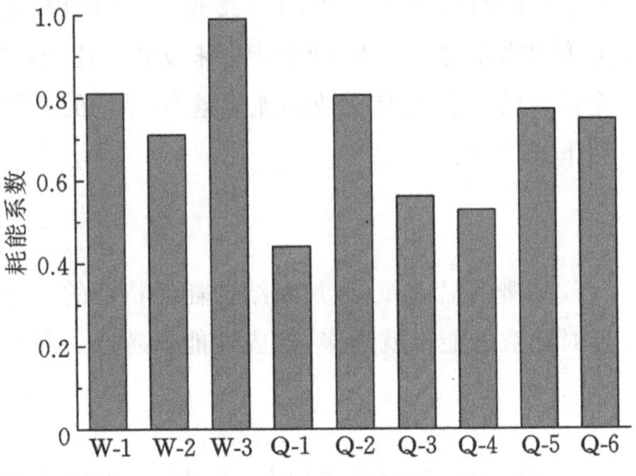

图 7-23　各墙体实测极限荷载耗能系数对比图

对比带约束构造柱新型复合墙体与普通墙体的耗能系数可以发现:采取构造柱、圈梁加强的新型复合墙体的耗能系数普遍高于普通墙体,这是由于墙体两端的构造柱可以约束砌体变形,阻碍墙体裂缝的发展,使得墙体能够产生更大的变形,裂而不倒,从而有较强的耗能能力。比较墙体 W-2 与 W-1、W-3 可以发现其耗能系数降低 14%～28.3%;比较墙体 Q-4 与 Q-3、Q-6 可以发现其耗能系数降低 6%～30%。由以上两组数据可以发现,墙体的竖向正应力越大,墙体的耗能系数有所降低。对比试验墙体 W-3 与 W-2、W-1 以及试验墙体 Q-5、Q-6 与 Q-1、Q-3,可以发现内芯 EPS 混合土对墙体的耗能有一定影响,随着内芯 EPS 混合土中的 EPS 颗粒含量增加,墙体的耗能能力越好;高宽比为 1.00 的试验墙体 Q-2、Q-5 的耗能系数均高于高宽比为 1.44 的试验墙体 Q-3、Q-4、Q-6,说明随着墙体高宽比的增大,墙体的耗能能力有所降低。

7.4.7　刚度退化性能分析

在砌体墙体拟静力抗震性能试验中,观察试验墙体的滞回曲线可以发现,随着荷载循环次数的逐级增加,试件的滞回曲线逐渐偏向于位移轴一侧,即试件的刚度在多级荷载循环过程中逐渐下降,这就是试件的刚度退化性能。刚度退化性能能够在一定程度上反映试验墙体的抗震性能,刚度退化的速率是一个值得研究的重要的抗震性能指标。在低周反复荷载试验分析中,一般采用割线刚度来代替切线刚度,将试验墙体的滞回曲线中每级循环的顶点割线刚度定义为该循环的等效刚度来研究试验墙体的刚度退化性能。

由于该新型复合墙体结构试验为砌体试验,因此离散性较大,在低周反复荷载作用下的正向与反向刚度往往相差很大。因此,我们在计算试验墙体刚度时取每级循环的正向与反向荷载绝对值之和与位移绝对值之和的比值计算。

$$K_i = \frac{|P_i| + |-P_i|}{|\Delta_i| + |-\Delta_i|} \tag{7-4}$$

式中　K_i——试验墙体第 i 次循环的等效刚度；

P_i——第 i 次循环的正向荷载峰值(kN)；

$-P_i$——第 i 次循环的负向荷载峰值(kN)；

Δ_i——第 i 次循环的正向荷载峰值所对应的位移值(mm)；

$-\Delta_i$——第 i 次循环的负向荷载峰值所对应的位移值(mm)。

在试验墙体低周反复荷载试验数据处理中,依据上式可以计算出试验墙体在加载过程中每级荷载作用下的等效刚度。图 7-24 分别为带约束构造柱的新型复合墙体刚度退化曲线和普通新型复合墙体刚度退化曲线,其中每一条曲线代表一个试验墙体的刚度变化,曲线中的每一个点代表试验墙体在低周反复荷载试验中一个循环的等效刚度值。

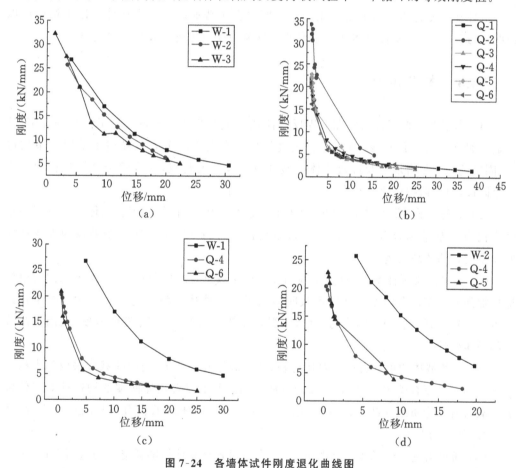

图 7-24　各墙体试件刚度退化曲线图

(a)带构造柱新型复合墙体刚度退化曲线;(b)普通新型复合墙体刚度退化曲线;

(c)W-1、Q-4、Q-6 墙体刚度退化曲线;(d)W-2、Q-4、Q-5 墙体刚度退化曲线

(1) 观察新型复合墙体的刚度退化曲线可以发现,各个墙体的刚度退化曲线全过程及刚度退化趋势基本类似,随着位移的增大,刚度逐渐降低;在墙体开裂以前刚度下降速

率最快,墙体开裂后到出现明显的屈服特征这一阶段,墙体刚度值下降速率稍有减缓,当墙体达到极限荷载后到墙体破坏这一阶段,墙体刚度下降速率趋于平缓。

(2)采用约束构造柱加强措施的新型复合墙体的初始刚度较普通墙体的高11%～37%,这是由于圈梁、构造柱形成的弱框架增加了墙体的初始刚度。

(3)采用约束构造柱加强措施的新型复合墙体的刚度退化速率普遍低于普通墙体,墙体两端的约束构造柱在墙体开裂后约束了裂缝的进一步发展,减缓了墙体的刚度退化速率。

(4)观察 W-1、Q-4、Q-6 墙体刚度退化曲线及 W-2、Q-4、Q-5 墙体刚度退化曲线两组对比图可以发现,带构造柱新型复合墙体的初始刚度值普遍高于普通新型复合墙体,且带构造柱新型复合墙体的刚度退化速率均明显低于普通新型复合墙体。以上结论可以说明,构造柱对新型复合墙体初始刚度的贡献及刚度退化速率减缓效果明显。

7.4.8 本节小结

(1)本章对新型复合墙体在低周反复荷载作用下的破坏形态进行了详细的介绍,从构造柱裂缝的出现和发展、砌体部分裂缝的出现和发展两个方面描述了采取约束构造柱、圈梁的新型复合墙体及普通墙体的破坏过程及主要特点,并将整个破坏过程划分为三个阶段,对各阶段的破坏现象及特点进行了介绍。

(2)对各试验墙体的滞回曲线、骨架曲线进行对比分析,得到了各墙体加载过程中刚度变化的趋势,在墙体开裂以后,普通新型复合墙体的刚度下降速率较采取约束构造柱的新型复合墙体高很多。

(3)通过定义延性系数,对各试验墙体延性系数进行对比分析,可以发现采取约束构造柱加强的新型复合墙体的延性系数明显高于普通墙体。新型复合墙体两端约束构造柱可以在砌体开裂后约束砌体的变形,减缓砌体部分的裂缝产生、发展速度,从而提高墙片的整体延性。

(4)对各墙体的承载力进行对比分析,普通墙体开裂荷载、极限荷载较采取约束构造柱加强的新型复合墙体低,采取约束构造柱加强的新型复合墙体两端的构造柱对墙体抗剪承载力有一定贡献。此外,通过对比还可发现试验墙体的承载力与竖向正应力、高宽比、内芯强度均有关。

(5)通过引进耗能系数及黏滞阻尼比定义,对各试验墙体的耗能能力进行对比,采取构造柱、圈梁加强的新型复合墙体的耗能系数普遍高于普通墙体,这是由于墙体两端的构造柱可以约束砌体变形,阻碍墙体裂缝的发展,使得墙体能够产生更大的变形,裂而不倒,从而有较强的耗能能力。此外,试验墙体的竖向正应力、高宽比、内芯 EPS 混合土等对墙体耗能能力都有一定的影响。

(6)绘制了采取约束构造柱的新型复合墙体及普通墙体的刚度退化曲线,对各试验墙体的刚度退化性能进行了对比分析,发现各个墙体的刚度退化曲线全过程及刚度退化趋势基本类似,随着位移的增大,刚度逐渐降低。不同类型的墙体在试件开裂以前的初始刚度相差较大。采用约束构造柱加强措施的新型复合墙体的刚度退化速率普遍低于普通墙体。

7.5 新型复合墙体抗剪承载力计算

7.5.1 墙体宏观破坏形态

试验墙体的破坏形式与墙体的高宽比、砌体强度、竖向正应力及配筋情况等许多因素有关,一般认为,常见的破坏模式有以下三种[168]:

(1)剪切破坏模式

试验墙体形成临界对角线方向或踏步斜向裂缝后被分割而破坏。如图 7-25 所示,破坏过程为首先在墙体中部附近产生与水平方向大约呈 45°的斜向裂缝,随着水平反复荷载的增大,中部斜向裂缝开始分别向墙体两个对角线方向延伸。此种斜向裂缝由于在墙体中部产生大面积的次裂缝,从而导致中间宽、两头细,呈现枣核状,通常称作腹剪切斜裂缝。

第一条斜裂缝形成以后,在中部墙体平行对角线方向还有可能出现新的斜向裂缝,最终导致斜截面破坏的那条斜向裂缝通常称为临界斜裂缝。试验墙体最终的破坏形态为两条对角线方向的临界斜裂缝将墙体分割为四部分而破坏。

(2)弯剪破坏模式

在加载初期,首先在墙体底部出现水平裂缝,当试验墙体达到极限水平荷载时,出现临界斜裂缝而受剪切破坏,类似于剪切破坏模式,如图 7-26 所示。

在低周反复荷载作用下,试验墙体两端底部首先出现水平方向裂缝,随着荷载的逐步增大,在试验墙体中部出现 45°斜向剪切裂缝。最终,45°斜向剪切裂缝与两端底部水平裂缝连通形成主斜裂缝,将墙体分割而破坏。

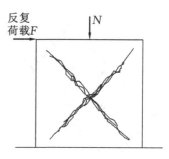

图 7-25 墙体剪切破坏图

(3)弯曲破坏模式

在水平往复荷载作用下,墙体底部首先出现水平方向裂缝,伴随着荷载的逐步增大,裂缝开展面积增大,数量增多。试验墙体底部受拉钢筋逐渐达到极限承载力,且混凝土砌块砌体部分开始出现竖向裂缝,最终导致墙体破坏。弯曲破坏典型模式如图 7-27 所示。

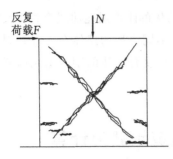

图 7-26　墙体弯剪破坏图

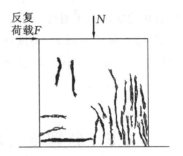

图 7-27　墙体弯曲破坏图

7.5.2　砌体墙体剪切破坏理论

砌体墙体的抗剪强度理论主要有两种,即主拉应力破坏理论和库仑破坏理论。主拉应力破坏理论不考虑砌体的各向异性性质,即将砌体墙体假定为均质材料,利用弹性力学的屈服条件推导出抗剪强度计算公式。库仑破坏理论结合工程实际情况,墙体开裂后仍能够整体工作,利用物理学中的摩擦理论推导出了砌体墙体的抗剪强度剪切摩擦计算公式[169,170]。

① 主拉应力破坏理论

当材料承受双轴及三轴应力时,作用于斜截面的应力可以用下面的公式求主拉应力:

$$\sigma_1 = \frac{1}{2}(\sigma_x + \sigma_y) + \frac{1}{2}\sqrt{(\sigma_x - \sigma_y)^2 + 4\tau_x^2} \tag{7-5}$$

$$\sigma_2 = \frac{1}{2}(\sigma_x + \sigma_y) - \frac{1}{2}\sqrt{(\sigma_x - \sigma_y)^2 + 4\tau_x^2} \tag{7-6}$$

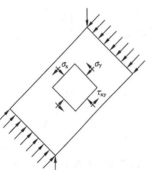

图 7-28　墙体微受力单元

从墙体上取出一个微受力单元(图 7-28),将 $\sigma_x = 0$,$\sigma_y = -\sigma_u$ 代入式(7-5)、式(7-6),可以得出微受力单元斜截面上的主拉应力 σ_τ 和主压应力 σ_c 分别为:

$$\sigma_\tau = -\frac{\sigma_u}{2} + \sqrt{\left(\frac{\sigma_u}{2}\right)^2 + \tau^2} \tag{7-7}$$

$$\sigma_c = -\frac{\sigma_u}{2} - \frac{1}{2}\sqrt{\left(\frac{\sigma_u}{2}\right)^2 + \tau^2} \tag{7-8}$$

式中　σ_u——法向压应力(MPa);

　　　τ——剪应力(MPa)。

主拉应力理论认为,砌体复合受力状态下的主拉应力达到了砌体抗主拉应力强度(砌体在无竖向正应力作用时的抗剪强度 f_{v0})而发生剪切破坏,由此可得:

$$\sigma_\tau = -\frac{\sigma_u}{2} + \sqrt{\left(\frac{\sigma_u}{2}\right)^2 + \tau^2} \leqslant f_{v0} \tag{7-9}$$

经变换后得：

$$\tau \leqslant f_{v0}\sqrt{1+\frac{\sigma_u}{f_{v0}}} \tag{7-10}$$

依据上述主拉应力理论可推导出砌体抗剪强度的表达式：

$$f_v \leqslant f_{v0}\sqrt{1+\frac{\sigma_u}{f_{v0}}} \tag{7-11}$$

我国现行《建筑抗震设计规范》(GB 50011—2010)(2016 年版)对验算砖砌体的抗剪强度采用了这一表达式。但该公式在理论上存在一定的不足之处，例如无法解释实际工程中墙体出现斜裂缝后仍然能够继续整体工作的情况[104,105]。

② 库仑破坏理论

1773 年，Conlomb 在研究土压力的计算时提出了库仑破坏理论，该理论又被称作剪摩破坏理论。

早在 20 世纪 60 年代，Sinha 和 Hendry 依据一层高的剪力墙的试验数据结合库仑破坏理论来综合确定砌体的抗剪强度[171]。该试验采用黏土砖和砂浆砌筑成足尺寸墙体和模型墙体以及小试件，其抗剪强度按下式计算：

$$f_v = 0.3 + 0.5\sigma_y \tag{7-12}$$

由上式可以得出砌体抗剪强度的一般表达式：

$$f_v = f_{v0} + \mu\sigma_y \tag{7-13}$$

式中 μ——砌体的摩擦系数。

③ 灌芯砌体抗剪强度理论

国内学者对灌芯砌体抗剪强度的研究也取得了一定成果。

宋力[98]依据砌块砌体受剪工作机理和影响砌块砌体抗剪强度的主要因素，用霍夫曼强度准则和双剪强度理论分别提出了砌块砌体抗剪强度公式。根据剪压复合受力作用下墙体的受力特点和变形特征，进行了墙体抗剪强度理论和公式研究。将主拉应力强度理论与剪摩破坏理论相结合，形成了一种新的强度理论，即拉摩强度理论。

从灌芯砌体标准试件的抗剪试验可以看出，灌芯砌体的抗剪强度由砌体的抗剪强度和混凝土的抗剪强度组成，即

$$f_{vg,m} = f_{v0,m} + f_{v,c} \tag{7-14}$$

式中 $f_{v0,m}$——砌体的抗剪强度(MPa)，混凝土空心砌块砌体的抗剪强度主要由砂浆提供，即 $f_{v0,m} = k_5\sqrt{f_2}$；

$f_{v,c}$——芯柱混凝土提供的抗剪强度(MPa)。

通过霍夫曼强度准则以抗压强度函数表示抗剪强度，最终推导出灌芯砌体抗剪强度计算公式为：

$$f_{vg,m} = k_5\sqrt{f_2} + k_2\alpha f_{cu}^{0.75} \tag{7-15}$$

式中 α——砌体灌芯率(%)。

根据理论分析和试验结果得出 $k_2 = 0.29$，所以：

$$f_{vg,m} = k_5 \sqrt{f_2} + 0.29 \alpha f_{cu}^{0.75} \qquad (7\text{-}16)$$

式中　f_{cu}——灌芯混凝土立方体抗压强度设计值(MPa)。

7.5.3 普通新型复合墙体抗剪承载力计算

7.5.3.1 试验墙体破坏形态及因素分析

在水平低周反复荷载作用下所有墙体破坏过程与破坏特征基本相同，以交叉的斜向裂缝为主要特征，均发生剪切破坏形态。其中试件剪跨比较小时，试件中部有水平裂缝，试件两端有与水平面大致呈 45°的斜裂缝。当剪跨比 $h/b = 1$ 或稍大时，两条对角线方向斜裂缝发展成主要的交叉斜裂缝并大体相交于墙体的中心附近。

其中 Q-1、Q-2、Q-5 墙体的斜向裂缝大致分布在中间部位且底部未出现水平贯通裂缝。而对比 Q-2、Q-1 的破坏过程可以发现，由于 Q-2 在较大竖向正应力作用下，墙体斜裂缝交叉部分有较多细而密的微裂缝出现，且底部没有明显裂缝，相对于 Q-1 具有更明显的纯剪切破坏。通过对比 Q-2、Q-1 的实测抗剪承载力能够反映出在较大竖向荷载作用下墙体具有更高的抗剪承载力。由此可见，竖向正应力是影响此新型复合墙体破坏形态及抗剪承载力的主要因素之一。

墙体 Q-3、Q-4、Q-6 在竖向荷载及水平低周反复荷载作用下，墙体中部有交叉斜向裂缝出现，同时墙体底部有较明显的水平裂缝。相较于 Q-1、Q-2、Q-5 三片墙体，Q-3、Q-4、Q-6 具有较大剪跨比，因此在发生剪切破坏的同时伴随有一定的弯曲破坏，从而在墙体底部有未连续贯通的水平微裂缝产生。且通过对比 Q-1、Q-2、Q-5 以及 Q-3、Q-4、Q-6 低周反复荷载试验结果能够发现新型混凝土砌块组合墙体实测抗剪承载力随着剪跨比的增大而减小。同时，对比 Q-5、Q-1 以及 Q-6、Q-3 不难发现，在相同剪跨比及竖向正应力作用下内芯强度较高的 Q-1、Q-3 产生了更明显的剪切破坏形态，且具有相对于 Q-5、Q-6 较高的抗剪承载能力。

7.5.3.2 影响普通墙体斜截面抗剪承载力的主要因素

新型混凝土砌块 EPS 组合墙体在水平荷载作用下，墙体始终处于弯、剪、压的复合受力状态。影响该种新型墙体的破坏形态的因素有很多。通过新型混凝土砌块 EPS 组合墙体低周反复荷载试验可以得出，影响新型复合砌块 EPS 组合墙体斜截面受剪承载力的因素主要有 EPS 混合土强度、剪跨比、竖向正应力、砂浆强度等因素[172,173]。

① EPS 混合土强度

内芯 EPS 混合土是由 EPS 颗粒、水泥、黏土、水混合而成的混合物，其强度是影响灌芯砌块砌体抗剪强度的主要因素之一。灌芯砌块砌体是由砌块、砂浆与芯柱共同承受水平方向的剪力。根据课题组前期研究表明，其抗剪承载力主要由空心砌块砌体的抗剪承载力与芯柱抗剪承载力两部分组成。对比 Q-1、Q-5 以及 Q-3、Q-6 四片墙体可以发现,内芯混合土强度是影响砌块砌体抗剪强度的重要因素。

② 剪跨比

新型混凝土砌块 EPS 组合墙体在受到弯矩和剪力共同作用下发生极限破坏,弯矩和剪力的相对比例对墙体的破坏形态有较明显的影响。剪跨比较小时,墙体发生剪切破坏形态。在一定范围内,随着剪跨比的增大,墙体的受剪承载力逐步降低,破坏形态逐渐由弯剪型破坏转变为弯曲型破坏。

由于新型混凝土砌块 EPS 组合墙体的破坏类似于剪力墙破坏,因此,本文中剪跨比对墙体抗剪承载力的影响参照文献[174]采用剪跨比的影响系数来表示,即 $F(\lambda) = 1/(a + b\lambda)$,其中 λ 为墙体的剪跨比,a、b 为回归系数。

③ 竖向正应力

试验表明,影响该新型砌块墙体在偏心受压时的斜截面抗剪承载力因素除灌芯砌体抗剪强度 V_c 之外,还有墙体的垂直压应力。垂直压应力对墙体斜截面抗剪承载力的影响比较复杂,为了方便采用,一般情况下国内外很多抗剪承载力公式中统一用压应力乘以一个系数 μ 来反映竖向荷载对墙体抗剪承载力的影响。

④ 砂浆强度

国内的一些专家和研究机构针对灌芯砌块墙体抗剪性能开展的大量研究表明,砂浆是影响抗剪性能的主要因素之一。砂浆对混凝土空心砌块砌体的抗剪强度影响与一般砌块砌体的影响相似,在我国现行的《砌体结构设计规范》(GB 50003—2011)中已有明确规定。

新型混凝土砌块 EPS 组合墙体在竖向及水平力作用下通常发生剪摩破坏、剪压破坏和斜压破坏。由于该新型混凝土砌块 EPS 组合墙体主要用于新疆村镇一级的住宅建筑中,实际工程中大部分砌体多层建筑墙体的轴压比都小于 0.25,处于三种剪切破坏形态的第一种破坏,即剪摩破坏。因此,空心砌块部分的抗剪承载力主要与砂浆强度有关,而空心砌块的强度对此影响不大。此外,由于新型混凝土砌块 EPS 复合砌体的空心率比较大,砌块之间的砂浆结合层面积有限,因此除砂浆强度外,新型复合墙体的抗剪性能还与竖向正应力、内芯灌孔材料等因素密切相关。

7.5.3.3 新型混凝土砌块 EPS 组合砌体抗剪强度研究

为了便于今后建立该种新型砌体在剪摩、剪压、斜压三种破坏形态下的抗剪强度模型,本书采用该新型组合墙体抗压强度的函数来表示其抗剪强度。

$$f_{vG,m} = \xi \sqrt{f_{G,m}} \tag{7-17}$$

式中　$f_{vG,m}$——新型复合砌体抗剪强度(MPa);

　　　$f_{G,m}$——灌芯砌体抗压强度平均值(MPa),按照文献[9]给出的方法计算;

　　　ξ——与灌芯材料有关的系数。

式(7-17)的适用条件为混凝土砌块砌体的灌芯率应不小于 33%。

式(7-17)考虑了灌芯砌体灌芯率这一因素对灌芯砌体抗剪强度的影响,同时与现行国际标准的表达式形式相同。通过课题组前期试验数据回归分析得出:当 ξ 取 0.20 时,计算值与实测值之比的平均值为 1.036,变异系数为 0.160,其中 $r=0.80$,试验值与计算值符合得较好(表 7-11)。

表 7-11 试件抗剪承载力计算值与实测值对比

试件编号	抗剪强度实测值 $f_{v,m}$/MPa	抗剪强度计算值 $f_{vG,m}$/MPa	$f_{vG,m}/f_{v,m}$
S-1	0.443	0.400	0.894
S-2	0.453	0.407	0.900
S-3	0.560	0.421	0.825
S-4	0.133	0.122	0.918
S-5	0.283	0.364	1.286
S-6	0.363	0.407	1.122
S-7	0.260	0.341	1.312
S-8	0.333	0.355	1.066
S-9	0.390	0.407	1.045
平均值	—	—	1.036
变异系数	—	—	0.160
相关系数	—	—	0.800

注:S-4 试验工况灌芯率 $\alpha=0$,不符合式(7-15)的适用条件,即灌芯率不大于 33%。故 $f_{vG,m}$ 计算方法采用《砌体结构设计规范》(GB 50003—2011)的给定计算方法确定。

7.5.3.4 基本假定

(1)墙体达到极限抗剪承载力状态时,为了便于墙体承载力研究,假定墙体产生图 7-29 所示理想的斜截面阶梯形裂缝,它大体沿墙体呈对角线方向分布。

(2)墙体的抗剪承载力符合承载力叠加原理,即认为墙体的抗剪承载力(V_U)由空心砌体抗剪承载力(V_m)、EPS 混合土芯柱贡献的抗剪承载力(V_c)、墙体的垂直压应力贡献的抗剪承载力(V_N)三部分之和组成。即:

$$V_U = V_m + V_c + V_N \tag{7-18}$$

其中,$V_d = V_m + V_c$ 为新型混凝土砌块 EPS 组合砌体的抗剪承载力。

墙体抗剪承载力计算如图 7-29 所示,根据平衡方程 $\sum X = 0$,则有:

$$V_U = \sum V_{di} + \sum V_{Ni} = V_d + V_N \tag{7-19}$$

(3)根据新型混凝土砌块 EPS 组合墙体在低周反复试验中的表现,将墙体的破坏过程划分为弹性阶段、弹塑性阶段以及塑性破坏阶段。假定墙体在弹性阶段,抗剪承载力

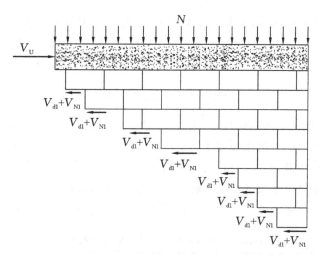

图 7-29 墙体抗剪承载力计算

主要由砂浆提供；进入弹塑性阶段后由砂浆、芯柱和竖向正应力贡献的抗剪强度共同承担。

7.5.3.5 普通墙体抗剪承载力计算公式

由课题组前期对新型混凝土砌块 EPS 组合砌体抗剪性能的研究，结合灌芯砌块的基本受剪机理可以得出，新型混凝土砌块 EPS 组合墙体的抗剪承载力主要来源有两个途径，即由没有垂直压应力作用时新型混凝土砌块 EPS 组合砌体的抗剪承载力 V_d 和垂直压应力提供的抗剪承载力 V_N 两部分组成。即：

$$V_U = V_d + V_N \tag{7-20}$$

式中 V_U——新型混凝土砌块 EPS 组合墙体斜截面总的抗剪承载力(kN)；

   V_d——新型混凝土砌块 EPS 组合砌体的抗剪承载力(kN)，由砂浆提供的抗剪承载力 V_m 和芯柱提供的抗剪承载力 V_c 两部分组成；

   V_N——垂直压应力贡献的抗剪承载力(kN)，用压应力乘以一个系数 μ 来反映。文献[174]根据湖南大学、同济大学等 34 片无筋砌体试验数据分析结果，取 $\mu = 0.12$。

考虑剪跨比的修正系数 $F(\lambda) = 1/(a + b\lambda)$ 后推导得出该新型墙体的抗剪承载力计算公式：

$$V \leqslant \frac{1}{a + b\lambda}(0.2\sqrt{f_{G,m}}bh_0 + 0.12N) \tag{7-21}$$

式(7-21)中，a、b 为两个回归系数，根据新型复合砌块 EPS 组合墙体低周反复荷载试验得出的墙体抗剪承载力试验数据回归得出。

由式(7-21)变形得出：

$$a + b\lambda = \frac{1}{F(\lambda)} = \frac{0.2\sqrt{f_{G,m}} + 0.12N}{V} \tag{7-22}$$

利用新型混凝土砌块 EPS 复合墙体实测抗剪承载力试验数据回归分析得出 $a=0.281$、$b=1.255$,相关系数 $r=0.915$;最终得出该新型混凝土砌块 EPS 组合墙体的抗剪承载力计算公式(7-23)。实测抗剪承载力与计算值吻合得较好(表 7-12)。

$$V \leqslant \frac{1}{0.281+1.255\lambda}(0.2\sqrt{f_{G,m}}bh_0+0.12N) \tag{7-23}$$

式中 λ——新型组合墙体剪跨比,当 $\lambda<1.0$ 时取 $\lambda=1.0$,当 $\lambda\geqslant2.0$ 时取 $\lambda=2.0$;

$f_{G,m}$——灌芯砌体抗压强度平均值(MPa),按照文献[175]推导出的方法计算;

b,h_0——墙体截面宽度(m)与截面高度(m);

N——墙体竖向压力(kN),当轴向正压力过大时,可能发生墙体剪压型破坏,属于不利的破坏模式。本文建议当 $N>0.25f_{G,m}bh_0$ 时取 $N=0.25f_{G,m}bh_0$。

表 7-12 试件抗剪承载力计算值与实测值对比

编号	内芯强度/MPa	剪跨比	竖向正应力/MPa	极限荷载/kN	抗剪承载力计算值/kN	计算值/实测值
Q-1	2.692	1.00	0.3	59.04	59.92	1.01
Q-2	2.692	1.00	0.6	74.04	67.73	0.91
Q-3	2.692	1.44	0.3	43.24	44.09	1.02
Q-4	2.692	1.44	0.6	48.03	47.62	0.99
Q-5	1.059	1.00	0.3	49.28	53.47	1.09
Q-6	1.059	1.44	0.3	41.54	39.33	0.95
平均值	—	—	—	—	—	0.99
变异系数	—	—	—	—	—	0.003

灌芯砌体抗压强度 $f_{G,m}$ 计算方法:

$$f_{G,m}=0.8f_m+1.2\frac{A_c}{A}f_{c,m} \tag{7-24}$$

式中 $f_{G,m}$——灌芯砌体抗压强度计算值(MPa);

f_m——空心砌体抗压强度值(MPa);

A_c——芯柱截面面积(mm²);

A——砌体截面面积(mm²);

$f_{c,m}$——芯柱轴向抗压强度平均值(MPa)。

$$f_m=0.73f_1^{0.6}(1+0.038f_2)k_2 \tag{7-25}$$

式中 f_m——砌体轴心抗压强度平均值(MPa);

f_1,f_2——块体、砂浆的抗压强度平均值(MPa);

k_2——砂浆强度影响的修正参数,当 f_2 小于 10 MPa 时取值为 1.0,当 f_2 大于 10 MPa时乘以系数($1.1-0.01f_2$)。

7.5.4 带构造柱新型复合墙体抗剪承载力计算

7.5.4.1 构造柱对墙体抗剪承载力的贡献

关于构造柱对墙体的抗剪强度的贡献,我国《建筑抗震设计规范》(GB 50011—2010)(2016 年版)及有关学者都提出了不同的计算方法,主要有以下几种。

(1)我国《建筑结构抗震设计规范》(GB 50011—2010)(2016 年版)中有关构造柱对墙体抗剪强度的计算,对于普通砖、多孔砖墙体的截面抗震抗剪承载力,当普通墙体的抗剪承载力验算不能满足要求时,可计入构造柱贡献的抗剪承载力[176,177],按下式简化方法计算:

$$V \leqslant [\eta_c f_{vE}(A - A_c) + \xi f_t A_c + 0.08 f_y A_s]/\gamma_{RE} \qquad (7\text{-}26)$$

式中　V——墙体剪力设计值(kN);

　　　f_{vE}——墙体的抗剪强度,MPa;

　　　A_c——中部构造柱的横截面总面积(对横墙和内纵墙,$A_c > 0.15A$ 时取 $0.15A$,对外纵墙,$A_c > 0.25A$ 时取 $0.25A$。A 为砌体截面面积,单位为 mm²);

　　　f_t——中部构造柱的混凝土轴心抗拉强度设计值(MPa);

　　　A_s——中部构造柱的纵向钢筋总截面面积(单位为 mm²,配筋率不小于 0.6%,大于 1.4% 时取为 1.4%);

　　　f_y——钢筋抗拉强度设计值(MPa);

　　　ξ——中部构造柱参与工作系数,居中设一根时取 0.5,多于一根时取 0.4;

　　　γ_{RE}——抗震承载力调整系数,对于砌体承重墙取 1.0;

　　　η_c——墙体约束修正系数,一般情况取 1.0,构造柱间距不大于 2.8 m 时取为 1.1。

(2)文献[59]建议对于采用约束构造柱加强的页岩砖砌体墙体的抗震抗剪承载力的计算,宜使用下列公式形式:

$$V = f_{vE} A_{eq}/\gamma_{RE} \qquad (7\text{-}27)$$

$$A_{eq} = A_m + \frac{E_c}{E_m} \sum_{i=1}^{n_c} \eta_i A_{c,i} \qquad (7\text{-}28)$$

式中　V——考虑地震作用组合的约束砌体墙剪力设计值(kN);

　　　A_m——砌体水平面积(mm²);

　　　E_c, E_m——柱混凝土和砖砌体弹性模量;

　　　n_c——与墙中柱根数相关的参数;

　　　$\eta_i, A_{c,i}$——柱截面面积折减系数和柱截面面积(mm²)。

式中部分参数取值如下:设两边柱时,$n_c = 1$,$\eta_i = 0.25$,$A_{c,i}$ 为两边柱水平截面面积之和;设两边柱和一中柱时,$n_c = 1$。对边柱,$i = 1$,$\eta_i = 0.25$,$A_{c,i}$ 为两边柱水平截面面积之和;对中柱,$i = 2$,$\eta_i = 0.9$,$A_{c,i}$ 为中柱水平截面面积。

7.5.4.2 带构造柱新型复合墙体抗剪承载力计算

针对上文介绍的众多公式,本文采用如下公式:带构造柱新型复合墙体的抗剪承载力等于灌芯砌体部分的抗剪承载力与墙体两端约束构造柱抗剪承载力之和。即:

$$V = V_m + V_c \tag{7-29}$$

式中 V_m——砌体部分贡献的抗剪承载力(kN),由上节推导出的普通新型复合墙体抗剪承载力计算公式计算;

V_c——新型复合墙体两端约束构造柱贡献的抗剪承载力(kN)。

本文参考规范中的相应公式,针对带构造柱新型复合墙体增设边缘约束构造柱情况,取用如下公式的形式,抗剪承载力等于砌体部分的抗剪承载力、边缘构造柱部分的抗剪承载力两部分之和。即:

$$V \leqslant \frac{1}{0.281 + 1.255\lambda}\left[0.2\sqrt{f_{G,m}}bh_0 + 0.12N + (\xi f_c A_c + 0.08 f_y A_s)\right] \tag{7-30}$$

式中 λ——新型组合墙体剪跨比;

$f_{G,m}$——灌芯砌体抗压强度平均值(MPa);

b, h_0——墙体截面宽度与截面高度(mm);

N——墙体竖向压力(N);

ξ——构造柱参与工作系数,取 0.03。

在试验和国内现有其他类型公式的基础上,本文提出了带构造柱新型混凝土砌块EPS复合墙体抗剪强度的简化计算公式。本文提出的公式形式简单、参数明确,计算值与本试验得到的试验数据能较好地吻合,能够为带构造柱新型复合墙体的抗剪承载力提供计算依据,可供实际工程设计应用。

7.5.5 承载力计算值与实测值比较

采用本文建议的普通新型复合墙体及带构造柱新型复合墙体的抗剪承载力计算公式得到的计算值与试验实测值进行比较,并列于表 7-13 中。

表 7-13 试件抗剪承载力计算值与实测值对比

编号	内芯强度/MPa	剪跨比	竖向正应力/MPa	极限荷载/kN	抗剪承载力计算值/kN	计算值/实测值
W-1	3.267	1.0	0.3	171.10	171.10	1.00
W-2	3.267	1.0	0.6	158.00	158.00	1.00
W-3	1.059	1.0	0.3	135.50	135.50	1.00
Q-1	2.692	1.0	0.3	59.04	59.92	1.01

编号	内芯强度/MPa	剪跨比	竖向正应力/MPa	极限荷载/kN	抗剪承载力计算值/kN	计算值/实测值
Q-2	2.692	1.00	0.6	74.04	67.73	0.91
Q-3	2.692	1.44	0.3	43.24	44.09	1.02
Q-4	2.692	1.44	0.6	48.03	47.62	0.99
Q-5	1.059	1.00	0.3	49.28	53.47	1.09
Q-6	1.059	1.44	0.3	41.54	39.33	0.95
平均值	—	—	—	—	—	0.99
变异系数	—	—	—	—	—	0.003

7.6　本章小结

本章主要针对带约束构造柱、圈梁加强措施新型混凝土砌块复合墙体的基本抗震性能开展了9片试验墙体的低周往复荷载试验研究。对比研究了普通新型复合墙体与带约束构造柱墙体的基本抗震性能。主要考虑了高宽比、竖向荷载、内芯复合土强度、构造柱等因素对新型复合墙体抗震性能的影响,深入研究了试验墙体的承载力、刚度退化、延性性能、耗能等基本的抗震性能。主要结论如下:

(1)未采取约束构造柱加强的新型混凝土砌块复合墙体的破坏形态更倾向于脆性破坏,墙体的开裂荷载较小,且在墙体开裂以后的变形能力较差,开裂后很快达到极限荷载。相反,采取约束构造柱、圈梁等措施加强的新型混凝土砌块复合墙体的开裂荷载较高,墙体的变形能力较好。约束构造柱、圈梁对于试验墙体承载力、变形等基本抗震性能方面改善效果明显。

(2)试件的加载破坏过程具有明显的共同特征,可以大致分为以下三个阶段。

第一阶段:弹性阶段。试验墙体处于完全弹性状态,加载过程中试验墙体未产生裂缝,试验墙体的滞回曲线基本保持线性关系。第二阶段:弹塑性阶段。试验墙体开裂后,在砌体部分和两端约束构造柱上下端均有裂缝产生,加载过程中砌体部分裂缝逐渐开展,裂缝宽度、面积逐渐增大,试验墙体达到极限承载力。构造柱底部裂缝逐渐增多,钢筋应力增大,试验墙体的力-位移曲线逐渐向位移轴倾斜,刚度下降。第三阶段:破坏阶段。试验墙体裂缝随着位移的增大,逐渐变宽,形成主剪切裂缝,最终将墙体分割而破坏。墙体的滞回曲线峰值荷载随着循环次数的增多,逐步下降,直至墙体破坏。

(3)对比带约束构造柱新型复合墙体与普通墙体的耗能系数可以发现:采取构造柱、圈梁加强的新型复合墙体的耗能系数普遍高于普通墙体。比较墙体 W-2 与 W-1、W-3 可以发现其耗能系数降低 14%～28.3%；比较墙体 Q-4 与 Q-3、Q-6 可以发现其耗能系数降低 6%～30%；墙体的竖向正应力越大，墙体的耗能系数呈降低趋势。高宽比为 1.00 的试验墙体 Q-2、Q-5 的耗能系数均高于高宽比为 1.44 的试验墙体 Q-3、Q-4、Q-6，说明随着墙体高宽比的增大，墙体的耗能能力有所降低。

（4）各个墙体的刚度退化曲线全过程及刚度退化趋势基本类似，随着位移的增大，刚度逐渐降低；在墙体开裂阶段刚度下降速率最快，墙体开裂后直到出现明显的屈服特征这一阶段墙体刚度值下降速率稍有减缓，当墙体达到极限荷载后墙体刚度下降速率趋于平缓。采用约束构造柱加强措施的新型复合墙体的初始刚度较普通墙体高 11%～37%，这是由于圈梁、构造柱形成的弱框架增加了墙体的初始刚度。

（5）对比普通新型混凝土砌块复合墙体与采取约束构造柱、圈梁加强的新型混凝土砌块复合墙体的极限位移可以发现，约束构造柱、圈梁对于改善墙体变形性能的效果明显。保证构造柱的间距不会过大，采取拉结钢筋等构造措施后可以对墙体起到很好的约束作用，保证地震中"裂而不倒"的设防目标。

（6）本文分别提出了普通新型混凝土砌块 EPS 复合墙体与带构造柱新型混凝土砌块 EPS 复合墙体的抗剪承载力简化计算公式。该计算公式根据灌芯砌体受剪机理及破坏形态，参考国内有关灌芯砌体抗剪强度的理论研究成果，并与实测 EPS 新型复合墙体抗剪强度拟合得出。该计算公式形式合理，与国内现行《砌体结构设计规范》（GB 50003—2011）一致，可以为实际工程设计提供理论依据。

8 结论与展望

8.1 结 论

针对轻质混凝土保温砌模-生土复合墙体这种新型结构,通过对混凝土保温砌模和EPS混合生土材料配合比,复合砌块砌体抗压、抗剪强度等基本力学性能,复合砌块墙体抗压性能以及复合砌块墙体抗震性能等方面开展的系列试验和理论研究,得到以下结论:

(1) 在聚苯乙烯轻质混合土配合比中,其轻质的特性主要来源于 EPS 颗粒,是影响重度的主要因素,EPS 含量越大,重度越小,但 EPS 颗粒含量不能无限制地增大,当增大到一定程度时,水泥浆不能完全包裹 EPS 颗粒,材料将难以成型;EPS 颗粒含量和水泥用量是影响轻质混合土抗压强度的主要因素,EPS 颗粒含量越小,水泥含量越大,同体积下水泥水化产物越多,强度就越大;反之则越小。以轻质混合土的抗压强度、重度、导热系数为指标,在满足重度和导热系数的前提下,以强度为主要因素,确定聚苯乙烯轻质混合土的最优配合比为:以黏土质量为标准(设为 1),水泥含量为 30%~40%,EPS 颗粒含量为1%,含水率为 30%~35%,配制出的 EPS 混合土立方体抗压强度为 2.677~2.868 MPa、重度为 10.231 kN/m³、导热系数为 0.43 W/(m·℃),满足指标要求。为解决 EPS 轻质混合土与空心砌块之间存在裂缝(脱开现象)而影响该复合砌块组合受力性能问题所进行的减水剂、膨胀剂和预压应力优化研究表明:聚苯乙烯轻质混合土抗压强度主要取决于预压力和减水剂。对聚苯乙烯轻质混合土尺寸影响的程度由大到小:预压力>膨胀剂>减水剂,其中预压力和膨胀剂对试件尺寸影响显著。最优组合为:预压力 17.8 kPa,减水剂掺量 2.5%,膨胀剂掺量 4%。

(2) 复合砌块砌体的外模-新型陶粒混凝土空心砌块的配合比按其立方体抗压强度、重度和导热系数三个指标进行优选,得出其最优配合比为:聚丙烯纤维 0.9 kg/m³、粉煤灰用量 75 kg/m³、水泥用量 225 kg/m³、陶粒用量 309 kg/m³、陶砂用量 369 kg/m³、总用水量244 kg/m³。此时陶粒混凝土的抗压强度为 11 MPa(大于试验所要求的 10 MPa),重度为11.585 kN/m³(小于试验所要求的 12 kN/m³),导热系数为 0.345 W/(m·℃)(小于试验所要求的 0.35),以此配合比制作的外模空心砌块的抗压强度平均值为 7.74 MPa,抗折强度平均值为 1.69 MPa,抗折强度是其抗压强度的 22%左右,随着抗压强度的提高,外模空心砌块的抗折强度亦随之提高。

（3）内芯材料是影响复合砌块砌体抗压强度、抗剪强度的主要因素，砌体结构的抗压强度、抗剪强度随内芯材料的增大而增大；砂浆对砌块砌体抗压强度、抗剪强度的影响小于内芯材料，提高砂浆强度，可以增大复合砌块小砌体的抗压强度、抗剪强度，但提高幅度不明显，且随着砂浆强度的增大，增幅逐渐减弱。

（4）复合砌块墙体的承压受力过程与普通混凝土空心砌块墙体受压过程相似。以EPS混合生土作内芯材料，受压过程中外模与内芯共同作用，提高了墙体的变形能力，增强了墙体的抗压承载能力。在相同条件下，试件的轴压承载力随着内芯抗压强度的增加而增加，随着外模强度的增加而增加，随着试件高厚比的增加而减小。

（5）试件的拟静力加载破坏过程具有明显的共同特征，可以大致分为以下三个阶段，即弹性阶段、弹塑性阶段和破坏阶段。弹性阶段：试验墙体处于完全弹性状态，加载过程中未产生裂缝，试验墙体的滞回曲线基本保持线性关系。弹塑性阶段：试验墙体开裂后，在砌体部分和两端约束构造柱上下端均有裂缝产生，加载过程中砌体部分裂缝逐渐开展，裂缝宽度、面积逐渐增大，试验墙体达到极限承载力。构造柱底部裂缝逐渐增多，钢筋应力增大，试验墙体力-位移曲线逐渐向位移轴倾斜，刚度下降。破坏阶段：试验墙体裂缝随着位移的增大，逐渐变宽，形成主剪切裂缝，最终将墙体分割而破坏。墙体的滞回曲线峰值荷载随着循环次数的增多，逐步下降，直至墙体破坏。

（6）由于构造柱和圈梁的约束作用，增强了墙体的变形能力，改善了墙体的稳定性，最终提高了复合砌块墙体在竖向荷载作用下的开裂荷载和极限荷载；在水平低周往复荷载作用下，由于构造柱和圈梁的约束作用，可以显著提高复合砌块墙体的开裂荷载、承载力和变形能力，增加墙体的初始刚度，提升复合砌块墙体的变形能力，改善墙体的耗能能力。

（7）高宽比和竖向荷载是影响墙体破坏形态的两个重要因素，高宽比越大，所受弯矩越大，更容易出现弯曲破坏；竖向荷载越小，墙体滑移现象越明显，也就越容易出现弯曲破坏。随着墙体的竖向正应力的增加，墙体的耗能系数、延性系数均有所降低；随着墙体高宽比的增大，墙体的延性系数大幅提高，但耗能能力有所降低。内芯EPS颗粒含量越多，墙体的耗能能力愈好；墙体内芯强度越高，高宽比越小，竖向荷载越大，墙体的极限承载力也就越大。

（8）各个墙体的刚度退化曲线全过程及刚度退化趋势基本类似，随着位移的增大，刚度逐渐降低；在墙体开裂阶段刚度值下降速率最快，墙体开裂后直到出现明显的屈服特征这一阶段墙体刚度值下降速率稍有减缓，当墙体达到极限荷载后墙体刚度值下降速率趋于平缓。

8.2 展　　望

轻质混凝土保温砌模-生土复合砌块墙体结构，是一种新型的砌体结构形式。本文从混凝土保温砌模和EPS混合生土材料配合比、复合砌块砌体基本力学性能、复合砌块墙体抗压性能以及复合砌块墙体抗震性能等方面开展了系列试验和理论研究,取得了一些研究成果,但由于该结构涉及外部保温砌模、内部灌芯材料和连接砂浆,影响其性能的因素很多,再加上时间不足和作者研究水平有限,研究中还存在许多欠缺和不足,若要将该结构在寒冷地区的村镇建筑工程中推广应用,仍需要在后续开展进一步的研究:

(1) 本文仅对轻质混凝土和 EPS 混合生土从基本力学性能方面进行了试验研究,缺乏材料微观机理的分析、两种材料的本构模型、内外模基于协同工作的材料性能匹配等研究资料;由于试验条件等因素,本文仅测试了组成复合砌块墙体的材料(即轻质混凝土和聚苯乙烯轻质混合土材料)的导热系数,未对复合墙体以及房屋结构的热工性能进行测试和理论分析。

(2) 新型复合砌块砌体抗压、抗剪强度的计算公式及理论推导采用了类似灌芯混凝土砌块砌体的理论研究方法,且有关计算公式的系数均系试验回归值,然而 EPS 混合土与混凝土是两种不同的材料,其本构关系、力学性能均有差异,复合砌块砌体在受压、受剪时的相互作用力和变形协调等协同工作性能如何,有待进一步理论分析与研究。

(3) 本试验仅考虑了高厚比、外模强度、内芯强度以及构造柱对新型复合墙体在竖向均布荷载作用下的破坏过程、破坏形态及抗压强度等抗压性能的研究,未考虑砂浆强度、墙体布置门窗洞口、构造柱间距、尺寸大小和配筋等因素以及复合砌块墙体在偏心荷载和局部荷载作用下的承压性能。

(4) 本文对新型混凝土砌块 EPS 复合墙体抗震性能的研究仅考虑了竖向正应力、高宽比、内芯强度和墙体两侧布置构造柱四个因素,且试验墙体为缩尺模型,因此所得出的结论有一定局限性。后期可针对砂浆强度等级、门窗洞口布置和构造柱间距、配筋等多个因素,开展足尺寸模型的相关研究工作。

(5) 试验数据的分析表明,布置构造柱和圈梁可以显著提高墙体的抗压性能和抗震性能,圈梁、构造柱及灌芯砌体将共同承担竖向荷载、水平荷载作用。因此,对于水平荷载作用下的新型复合墙体各分体系之间的协同工作问题有待进一步研究。

(6) 鉴于试验试件数量的限制,有关复合砌块砌体基本力学性能、墙体承压性能以及抗震性能的相关计算公式的推导主要参考试验结果,其合理性、适用性等有待有限元及后续深入的理论研究进行验证、完善和修正。

(7) 此种新型墙体结构的经济性问题将会成为制约其在村镇建筑中推广的一个重要原因。从工程和经济的角度来考虑,应在确保强度的前提下,开展聚苯乙烯轻质混合土原材料的选材研究,以合理地安排施工和降低墙体材料造价,如利用工程弃土、建筑拆除过程中产生的土渣,利用废弃的聚苯乙烯板、包装聚苯乙烯板等制备再生聚苯乙烯颗粒材料,开展有关理论与试验研究。

参 考 文 献

[1] 涂逢祥.大力推进建筑节能迫在眉睫[J].墙材革新与建筑节能,2004(7):7-8.

[2] 李湘洲.我国新型墙体材料现状与趋势[J].砖瓦世界,2005(8):6-8.

[3] 张泽平,李珠,董彦莉.建筑保温节能墙体的发展现状与展望[J].工程力学,2007,24(S2):121-128.

[4] 贾刚.建筑节能中新型墙体材料的重要性研究[J].江西建材,2014(16):3-4.

[5] 王爱迪,祝英杰,马洪燕.我国绿色环保墙体材料的研究应用现状与发展[J].建筑节能,2010,38(3):59-61,76.

[6] 眭小龙.新型保温轻质复合砌体结构抗剪性能研究[D].石河子:石河子大学,2012.

[7] 付小建.新型保温轻质复合砌体结构受压性能研究[D].石河子:石河子大学,2012.

[8] 张闪勋.新型保温轻质混凝土空心砌块及生土组合墙体抗剪性能研究[D].石河子:石河子大学,2013.

[9] 姜勇.新型保温轻质混凝土空心砌块-生土复合墙体抗压性能研究[D].石河子:石河子大学,2013.

[10] 马时冬.聚苯乙烯泡沫塑料轻质填土(SLS)的特性[J].岩土力学,2001,22(3):245-248,314.

[11] 马时冬.SLS路堤的稳定性和沉降分析[J].岩土力学,2003,24(3):331-334.

[12] 刘汉龙,董金梅,周云东,等.聚苯乙烯轻质混合土物理力学特性的影响因素[J].岩土力学,2005,26(3):445-449.

[13] 董金梅,刘汉龙,洪振舜,等.聚苯乙烯轻质混合土的压缩变形特性试验研究[J].岩土力学,2006,27(2):286-289,298.

[14] 董金梅.聚苯乙烯轻质混合土工程特性的试验研究[D].南京:河海大学,2005.

[15] 董金梅,王沛,柴寿喜.聚苯乙烯颗粒对轻质混合土的影响[J].水利水电科技进展,2007,27(5):26-28.

[16] 董金梅,王沛,柴寿喜.聚苯乙烯轻质混合土单向压缩固结试验研究[J].路基工程,2007(2):67-69.

[17] 顾欢达,顾熙,申燕.发泡颗粒轻质土材料的基本性质[J].苏州科技学院学报:工程技术版,2003,16(4):44-48.

[18] 顾欢达,陈甦,顾熙.发泡颗粒轻质土材料的吸水性[J].土木工程学报,2005,38(11):75-78.

[19] 顾欢达,顾熙.干湿循环作用下发泡颗粒轻质土的稳定性[J].公路,2005(5):125-128.

[20] 顾欢达,顾熙.影响塑料发泡颗粒轻质土强度的因素及其试验研究[J].公路交通科

技,2007,24(3):15-19.

[21] 朱定华,董磊平,何峰,等.聚苯乙烯纤维轻质混合土的抗压强度特性[J].南京工业大学学报:自然科学版,2010,32(2):53-57.

[22] 姬凤玲.淤泥泡沫塑料颗粒轻质混合土力学特性研究[D].南京:河海大学,2005.

[23] 姬凤玲,吕擎峰,马殿光.聚苯乙烯轻质混合土强度变形特性的微观试验研究[J].兰州大学学报:自然科学版,2007,43(1):19-23.

[24] MINEGISHI K,MAKIUCHI K,TAKAHASHI R.Strength-Deformational characteristics of EPS beads-mixed lightweight geo-material subjected to cyclic loadings [C]//Proceeding of the International Workshop on Lightweight Geo-Materials (IW-LGM2002),March 26-27,2002,Tokyo,Japan:119-125.

[25] YASUHARAD K,MURAKAMI S,LIKUBO T.Traffic-induced vibration control using LGM[C]//Proceeding of the International Workshop on Lightweight Geo-Materials (IW-LGM2002),March 26-27,2002,Tokyo,Japan:187-194.

[26] 何奇宝.EPS 颗粒混合轻质土(LCES)与粘土动力特性的对比试验研究[D].南京:河海大学,2007.

[27] 黎冰,高玉峰.黏土与 EPS 颗粒混合轻质土的动力变形特性试验研究[J].岩土工程学报,2007,29(7):1042-1047.

[28] 高玉峰,黎冰.黏土与 EPS 颗粒混合轻质土的动强度特性试验研究[J].岩石力学与工程学报,2007,26(2):4276-4283.

[29] 周云东,何奇宝,丰土根.EPS 颗粒混合轻质土动强度特性对比研究[J].河海大学学报:自然科学版,2008,36(6):810-813.

[30] 孙惠镐,王墨耕,李俊民.小砌块的建筑设计与施工[M].北京:中国建筑工业出版社,2001.

[31] GUNDUZ L.Use of quartet blends containing ny ash,scoria,perlitic pumice and cement to produce cellular hollow lightweight masonry blocks for non. 10ad bearing walls[J].Construction and Building Material,2008,22(5):747-754.

[32] WANDER W P A. Mortarless block system[J].Masonry Construction,1999(2):20-24.

[33] OSSAMA A A,KRIS S M.The effect of air cells and mortar joints on the thermal resistance of concrete masonry walls[J].Energy and Buildings,1994,21(2):111-119.

[34] JABRI K S,HAGO A W,NUAIMI A S,et al.Concrete blocks for thermal insulation in hot climate[J].Cement and Concrete Research,2005,35(8):1472-1479.

[35] 陈振基.美国混凝土砌块工业发展的初期[J].建筑砌块与砌块建筑,2003(3):8-10.

[36] 佚名.美国砌块建筑集锦[J].建筑砌块与砌块建筑,2004(5):31-33.

[37] 丁大均.砌体结构学[M].北京:中国建筑工业出版社,1997.

[38] 施楚贤.砌体结构[M].北京:中国建筑工业出版社,2003.

[39] 翟希梅,唐岱新.混凝土小型空心砌块空腔墙体的恢复力试验研究[J].哈尔滨建筑大学学报,2001,34(6):26-31.

[40] 唐岱新,龚绍熙,周炳章.砌体结构设计规范理解与应用[M].北京:中国建筑工业出版社,2002.

[41] 刘琳.复合混凝土小型空心砌块基本力学性能试验研究[D].南京:南京工业大学,2006.

[42] 张景玮,李宏男,张曰果.低周反复荷载作用下空心砖夹心墙体试验[J].沈阳建筑工程学院学报,2002,18(1):5-8.

[43] 刘旭辉,吴英,金岳,等.砖混结构外保温复合夹心墙体节能住宅施工方法[J].建筑技术,1998,29(10):25.

[44] HAMID A A,CHUKWUNENYE A O.Compression behavior of concrete masonry prisms[J].Journal of Structural Engineering,ASCE,1986,112(3):605-613.

[45] FAHMY E H,GHONEIM T G M.Behavior of concrete block masonry prisms under axial compression[J].Canada Journal of Civil Engineering,1995,22(2):898-915.

[46] 刘桂秋.砌体结构基本受力性能的研究[D].长沙:湖南大学,2005.

[47] 唐军,侯汝欣.混凝土实心小型砌块砌体抗压强度的初步探讨[J].四川建筑科学研究,2004,30(4):78-79.

[48] 全成华,唐岱新,江波.高强砌块灌芯砌体强度试验研究[J].哈尔滨建筑大学学报,2002(4):31-34.

[49] 刘一彪,刘桂秋.对灌孔混凝土砌块砌体材料强度等级选择的研究[J].建筑砌块与砌块建筑,2008(2):10-11.

[50] 刘桂秋,施楚贤,刘一彪,等.砌体受压应力-应变关系[C]//中国工程建设标准化协会砌体结构专业委员会.现代砌体结构——2000年全国砌体结构学术会议论文集.北京:中国建筑工业出版社,2000:22-28.

[51] 施楚贤.砌体结构理论与设计[M].2版.北京:中国建筑工业出版社,2003.

[52] 曾晓明,杨伟军,施楚贤.砌体受压本构关系模型的研究[J].四川建筑科学研究,2001,27(3):8-10.

[53] DRYSDALE R G,HAMID A A.Behavior of concrete block masonry under axial compression[J].ACI Structural Journal,1979,76(6):707-715.

[54] HAMID A A,DRYSDALE R G.Proposed failure criteria for concrete block masonry under biaxial stresses[J].Journal of the Structural Division,1981,107(8):1675-1687.

[55] LOURENCO P B,ROTS J G.Continuum model for masonry:parameter estimation and validation[J].Journal of Structural Engineering,ASCE,1998,24(6):642-650.

[56] 薛志成.灌芯砌块砌体力学性能试验研究及模拟分析[D].阜新:辽宁工程技术大

学,2006.

[57] 刘立新.砌体结构[M].武汉:武汉工业大学出版社,2001.

[58] 中华人民共和国建设部,国家质量监督检验检疫总局.砌体结构设计规范:GB 50003—2001[S].北京:中国标准出版社,2002.

[59] HAMID A A,DRYSDALE R G.Suggested failure criteria for grouted concrete masonry under axial compression[J].ACI Journal,1979(10):1047-1061.

[60] 施楚贤,谢小军.混凝土小型空心砌块砌体受力性能[J].建筑结构,1999(3):10-12,43.

[61] 吕伟军,吕伟荣.灌芯混凝土砌块砌体抗压强度计算[J].工业建筑,2009,39(4):106-109.

[62] 施楚贤.砌体结构理论与设计[M].北京:中国建筑工业出版社,1992.

[63] 杨伟军,禹慧,田俊杰,等.混凝土空心砖砌体抗剪强度试验研究[J].长沙交通学院学报,2004,20(3):43-47.

[64] 陶秋旺,施楚贤.多孔砖砌体抗剪强度研究[J].山西建筑,2005,31(10):17-18.

[65] 蔡勇.基于最小耗能原理的砌体抗剪强度统一模式[J].中南大学学报:自然科学版,2007,38(5):993-999.

[66] 孙恒军,周广强,程才渊.混凝土小砌块配筋砌体墙片抗剪性能试验研究[J].山东建筑大学学报,2006,21(5):391-395.

[67] 杨伟军,施楚贤.灌芯混凝土砌体抗剪强度的理论分析和试验研究[J].建筑结构,2002,32(2):63-65,72.

[68] 郭樟根,孙伟民,彭阳,等.再生混凝土小型空心砌块砌体抗剪性能试验[J].南京工业大学学报:自然科学版,2010,32(5):12-15.

[69] 杨伟军,施楚贤.灌芯混凝土砌块砌体抗剪强度的理论分析[C]//中国工程建设标准化协会砌体结构专业委员会.现代砌体结构——2000年全国砌体结构学术会议论文集.北京:中国建筑工业出版社,2000:76-79.

[70] 施楚贤,杨伟军.灌芯砌块砌体强度及配筋砌体剪力墙的受剪承载力研究[C]//中国工程建设标准化协会砌体结构专业委员会.现代砌体结构——2000年全国砌体结构学术会议论文集.北京:中国建筑工业出版社,2000:177-183.

[71] 孙忠洋,唐岱新.灌芯砌块砌体剪压相关性研究[J].建筑砌块与砌块建筑,2005(1):12-15.

[72] 黄幼华,闫一江.灌芯率对配筋砌体剪力墙抗侧刚度与抗剪承载力影响的有限元分析[J].建筑砌块与砌块建筑,2006(2):9-12.

[73] HAMID A A,HEIDEBRECHT A C,DRYSDALE R G.Shear strength of concrete masonry joints[J].Journal of the Structural Division,ASCE,1979,105(7):1227-1240.

[74] 骆万康,朱希诚,廖春盛.砌体抗剪强度研究的回顾与新的计算方法[J].重庆建筑大

学学报,1995,17(4):41-49.

[75] 陈行之,李卫.设置钢筋混凝土柱的砖墙体受压时的承载能力[J].建筑结构学报,
1995,16(1):33-40,49.

[76] 施楚贤.砖砌体和钢筋混凝土构造柱组合墙的承载力计算[J].建筑结构,2003,33
(7):67-69.

[77] 施楚贤.设置砼构造柱砖砌体结构受压承载力计算[J].建筑结构,1996(3):13-16.

[78] 胡伟,吕守波,赵考重,等.配置钢筋混凝土构造柱的组合砌体抗压强度试验研究[J].
山东建筑工程学院学报,1992,7(1):15-19.

[79] 胡伟.配置钢筋混凝土构造柱砌体抗压承载力的计算[J].建筑结构,1996(9):26-29.

[80] 张先进.设置混凝土构造柱砖砌体受压承载力计算[J].武汉城市建设学院学报,
1998,15(3):29-31.

[81] 田玉滨,唐岱新.组合墙体的承载力计算方法[C]//中国工程建设标准化协会砌体结
构专业委员会.现代砌体结构——2000年全国砌体结构学术会议论文集.北京:中国
建筑工业出版社,2000:123-128.

[82] 张敏,张和平.砌体结构中墙体与构造柱间的荷载分配[J].华东交通大学学报,2001,
18(3):46-48.

[83] 宋扬.设置钢筋混凝土构造柱砖砌体的非线性有限元分析[D].贵阳:贵州大
学,2006.

[84] 闫成德.组合砖墙体系抗压承载力研究[J].江苏建筑,2009(4):20-21.

[85] 陆文斌,权宗刚,浮广明.砖砌体和钢筋混凝土构造柱组合墙承载力分析[J].砖瓦,
2012(9):5-9.

[86] 董心德.关于构造柱间距对组合墙出平面偏心受压性能影响的试验研究[D].重庆:
重庆大学,2009.

[87] 中华人民共和国住房和城乡建设部.砌体结构设计规范:GB 50003—2011[S].北京:
中国计划出版社,2012.

[88] 李启鑫,翟希梅,唐岱新.设置构造柱混凝土砌块墙体受压承载力试验研究[J].建筑
砌块与砌块建筑,2004(6):7-11.

[89] 李启鑫,翟希梅,唐岱新,等.设置构造柱混凝土砌块墙体局压承载力研究[J].建筑结
构,2005,35(7):79-81.

[90] 李启鑫,翟希梅,唐岱新.带构造柱混凝土砌块墙体受压承载力有限元分析[J].建筑
结构,2006,36(3):47-49.

[91] 巴盼锋,尹新生,李妍.改造加气混凝土墙竖向承载力分析[J].吉林建筑工程学院学
报,2010,27(3):9-12.

[92] 夏国明.非承重抗震节能砌块墙体抗震试验研究[D].大连:大连理工大学,2004.

[93] 江波.高强砌块填芯砌体基本力学性能试验研究[D].哈尔滨:哈尔滨工业大学,
2000.

[94] 刘桂秋,赵衍,施楚贤,等.灌孔砼砌块砌体中材料强度匹配问题的研究[J].湖南大学学报:自然科学版,2010,37(2):18-21.

[95] 吕伟军,吕伟荣,施楚贤.灌芯砌体中芯柱混凝土与砌块的强度匹配研究[J].建筑砌块与砌块建筑,2008(2):7-9.

[96] RAMAMURTHY K.Behaviour of grouted concrete hollow block masonry prisms [J].Magazine of Concrete Research,1995,47(173):345-354.

[97] KHALAF F M, HENDRY A W, FAIRBAIRN D R.Study of the compressive strength of block work masonry[J].ACI Journal,1994,91(4):367-375.

[98] 宋力.混凝土砌块砌体基本力学性能试验研究与非线性有限元分析[D].长沙:湖南大学,2005.

[99] DRYSDALE R G, HAMID A A.Behavior of concrete block masonry under axial compression[J].ACI Journal,1979,76(6):707-722.

[100] 邹瑞锋,阿肯江,沈全锋,等.组合墙体轴心受压极限承载力[J].建筑结构,2000,30(10):54-56.

[101] 周炳章,夏敬谦.水平配筋砖砌体抗震性能的试验研究[J].建筑结构学报,1991,12(4):31-43.

[102] 吴会阁,赵均.带窗洞的加气混凝土砌块砌体墙抗震性能分析[J].世界地震工程,2012,28(01):33-38.

[103] 翟希梅,唐岱新.带构造柱与带芯柱砌块墙体的抗震性能比较分析[J].建筑结构,2003,33(5):70-72,58.

[104] SHING P B, NOLAND J L, KLAMELUS E, et al.Response of single-story reinforced masonry shear walls to in-plane lateral loads[P].US-Japan Coordinated Program for Masonry Building Research.Department of Civil and Architectural Engineering,University of Colorado at Boulder,1991:43-54.

[105] DRYSDALE R G, HAMID A A, BAKER L R.Masonry structures:behavior and design[J].Choice Reviews Online,1994,31(6):424-431.

[106] 王庆霖.无筋墙体的抗震剪切强度[C]//中国工程建设标准化协会砌体结构委员会.砌体结构研究论文集.长沙:湖南大学出版社,1988:109-121.

[107] 田玉滨,唐岱新.配筋砌体开洞剪力墙抗震性能的试验研究[J].哈尔滨建筑大学学报,2002(4):20-24.

[108] 李振威,刘伟庆,蓝宗建,等.设置芯柱的混凝土小型空心砌块墙体抗震性能研究[J].工程抗震,1999(2):8-11,16.

[109] 金伟良,徐铨彪,潘金龙,等.不同构造措施混凝土空心小型砌块墙体的抗侧力性能试验研究[J].建筑结构学报,2001(6):64-72.

[110] 郑妮娜,李英民,刘凤秋.芯柱式构造柱约束墙体抗震性能拟静力试验研究[J].土木工程学报,2013,46(S1):202-207.

[111] 李振威,刘伟庆,蓝宗建,等.设置芯柱的混凝土小型空心砌块墙体抗震性能研究[J].工程抗震,1999(2):8-11,16.

[112] 熊立红,张敏政.设置芯柱-构造柱混凝土砌块墙体抗震剪切承载力计算[J].地震工程与工程振动,2004,24(2):82-87.

[113] 成全喜,杨德健,孙锦镖,等.带芯柱混凝土小型空心砌块墙体抗剪承载力试验研究[J].天津城市建设学院学报,2000,6(1):46-49,52.

[114] 徐振文,周志强,郑松林,等.体外预应力加固砖砌体开洞墙抗震性能试验[J].南京工业大学学报:自然科学版,2018,40(03):61-66.

[115] 兰春光,班力壬,韩明杰,等.后张预应力加固无构造柱砌体墙抗震性能试验[J].地震工程与工程振动,2014,34(S1):560-565.

[116] 刘航,班力壬,兰春光,等.后张预应力加固无筋砖砌墙体抗震性能试验研究[J].建筑结构学报,2015,36(8):142-149.

[117] 杨德建,高永孚,孙锦镖,等.构造柱-芯柱体系混凝土砌块墙体抗震性能试验研究[J].建筑结构学报,2000,21(4):22-27.

[118] 冯建国,巴荣光,傅书麟.无筋墙体的抗震剪切强度[J].西安建筑科技大学学报:自然科学版,1985(01):35-54.

[119] 刘丽,王永虎,谷倩.无筋砌体墙抗剪性能有限元分析[J].建材世界,2009,30(1):72-74.

[120] 刘挺.生土结构房屋的墙体受力性能试验研究[D].西安:长安大学,2006.

[121] 顾欢达,陈甄.河道淤泥的流动化处理及其工程性质的试验研究[J].岩土工程学报,2002,24(1):108-111.

[122] 高倩,王兆利,赵铁军.泡沫混凝土[J].青岛建筑工程学院学报,2002(3),113-115.

[123] 洪显诚,杨航宇,朱赞凌,等.EPS材料在桥头软基处理中的试验研究[J].桥梁建设,2001(4):5-7.

[124] 陈魁.试验设计与分析[M].北京:清华大学出版社,1996.

[125] 方开泰,马长兴.正交与均匀试验设计[M].北京:科学出版社,2001.

[126] 钱波,左玉强,王伟,等.基于混凝土强度的相似正交配合比试验研究[J].石河子大学学报:自然科学版,2008,26(3):355-358.

[127] 汤怡新,刘汉龙,朱伟.水泥固化土工程特性试验研究[J].岩土工程学报,2000,26(5):549-554.

[128] 眭小龙,何明胜,付小建.基于正交试验的EPS混合土抗压强度的研究[J].石河子大学学报:自然科学版,2011,29(2):253-256.

[129] SUI X L,HE M S,FU X J.Linear analysis and strength prediction of experiment on lightweight heterogeneous soil mixed with expanded polystyrene[C]//Advanced Building Materials.Part 1:Trans Tech Publications Ltd,2011:622-625.

[130] 王德民,潘东.掺粉煤灰混凝土配合比正交试验设计及二元线性分析[J].混凝土,

2002(10):43-45.

[131] 何世钦,王海超.高性能混凝土配合比设计的正交试验研究[J].工业建筑,2003,33(8):8-10,41.

[132] 刘新义,沈赣新,何明胜.轻骨料混凝土配合比设计的试验研究[J].石河子大学学报:自然科学版,2007,25(2):232-235.

[133] 中华人民共和国住房和城乡建设部.轻骨料混凝土应用技术标准:JGJ/T 12—2019[S].北京:中国建筑工业出版社,2019.

[134] 蔡正泳,王足献.正交设计在混凝土中的应用[M].北京:中国建筑工业出版社,1985.

[135] 中华人民共和国国家质量监督检验检疫总局,中国国家标准化管理委员会.轻集料混凝土小型空心砌块:GB/T 15229—2011[S].北京:中国标准出版社,2012.

[136] 王瑜.空心砌块配合比设计初探[J].建筑砌块与砌块建筑,2000(4):25-27.

[137] 张璞珍.关于混凝土小型砌块强度保证率的探讨[J].广西工学院学报,2006,17(3):49-51.

[138] 邵永健,殷志文,劳裕华,等.陶粒混凝土砌块的配合比设计与抗压强度试验[J].混凝土,2007(10):107-108.

[139] 王立久,张树忠,赵国藩.轻集料混凝土配合比设计[J].混凝土与水泥制品,2002(3):17-19.

[140] 黄承逵.纤维混凝土结构[M].北京:机械工业出版社,2004.

[141] 史小兴.建筑工程纤维应用技术[M].北京:化学工业出版社,2008.

[142] 何浙浙,易国辉,杨智.试验方法对保温复合混凝土空心砌块砌体抗剪强度的影响[J].建筑技术,2010,41(4):369-371.

[143] 中华人民共和国住房和城乡建设部.砌体基本力学性能试验方法标准:GB/T 50129—2011[S].北京:中国建筑工业出版社,2011.

[144] 黄靓,陈胜云,陈良,等.灌孔砌块砌体抗剪强度梁式计算模型[J].工程力学,2010,27(8):140-145,151.

[145] 缪升,雷鸿君.配筋混凝土空心小砌块墙体抗剪试验拟合研究[C]//中国土木工程学会.第二届全国防震减灾工程学术研讨会论文集.《工程抗震与加固改造》编辑部,2005:176-180.

[146] 杨伟军.混凝土砌体配筋砌体剪力墙研究及砌体结构可靠性分析[D].长沙:湖南大学,2000.

[147] 中华人民共和国国家质量监督检验检疫总局,中国国家标准化管理委员会.砌墙砖试验方法:GB/T 2542—2012[S].北京:中国标准出版社,2013.

[148] 中华人民共和国住房和城乡建设部.砌体结构工程施工质量验收规范:GB 50203—2011[S].北京:中国建筑工业出版社,2012.

[149] 何明胜,王勇,夏多田,等.新型复合砌块抗剪强度试验研究[J].工业建筑,2013,43(5):94-98.

[150] 中华人民共和国国家质量监督检验检疫总局,中国国家标准化管理委员会.混凝土砌块和砖试验方法:GB/T 4111—2013[S].北京:中国标准出版社,2014.

[151] 中华人民共和国住房和城乡建设部,国家市场监督管理总局.混凝土物理力学性能试验方法标准:GB/T 50081—2019[S].北京:中国建筑工业出版社,2019.

[152] 中华人民共和国住房和城乡建设部.建筑砂浆基本性能试验方法标准:JGJ/T 70—2009[S].北京:中国建筑工业出版社,2009.

[153] 杨伟军,施楚贤.灌芯砌体的变形性能试验研究[J].建筑结构,2002,32(2):60-62,33.

[154] CHEEMA T S,KLINGNER R E.Compressive Strength of Concrete Masonry Prisms[J].ACI Journal,1986,83(1):88-97.

[155] XIAO X S,LU X L.Study on Bearing Capacity of Concrete Masonry[C]//11th International Brick/Block Masonry Conference,China,1997:1290-1297.

[156] 周柄章.唐山地震与钢筋砼构造柱[J].工程建设与设计,2006(8):8-15.

[157] 宋一乐,牛海峰.具有构造措施的高层砖砌体房屋抗震性能试验研究[J].武汉大学学报(工学版),2003(5):85-89.

[158] 中华人民共和国住房和城乡建设部.建筑抗震试验规程:JGJ/T 101—2015[S].北京:中国建筑工业出版社,2015.

[159] 周宏宇.带构造柱混凝土小型空心砌块承重墙抗震性能的试验研究[D].北京:北京工业大学,2004.

[160] 蒋伟.新型轻质混凝土承重砌体抗震性能试验研究[D].天津:天津大学,2006.

[161] 孙巧珍.双排孔封底砌块承重墙片抗震性能试验研究[D].北京:北京工业大学,2004.

[162] 崔熙光,马晓寒,陈振涛.混凝土多孔砖和组合配筋砖小截面墙体抗震性能的试验研究[J].世界地震工程,2008,24(1):116-121.

[163] 湛华.KP-1型烧结页岩粉煤灰多孔砖墙体抗震抗剪性能试验研究[D].长沙:湖南大学,2001.

[164] 赵春香.砌体墙片抗震性能研究[D].哈尔滨:哈尔滨工程大学,2007.

[165] 罗青儿.配筋粉煤灰砌块砌体剪力墙的试验研究[D].南京:东南大学,2005.

[166] 张津涛.约束页岩砖砌体基本性能和抗震性能的试验研究[D].南京:东南大学,2004.

[167] 唐岱新,宋宪民.带芯柱陶粒混凝土砌块墙体抗侧力性能[J].哈尔滨建筑工程学院学报,1993(2):69-73.

[168] 朱伯龙,蒋志贤,吴明舜.外加钢筋混凝土柱提高砖混房屋抗震能力的研究[J].同济大学学报,1983(1):31-42.

[169] 郭俊杰.足尺混凝土小型空心砌块墙体抗震性能试验研究[D].北京:清华大学,2005.

［170］郭樟根,孙伟民,王辰宇.低周反复荷载下预应力砌块墙体的试验研究［J］.混凝土与水泥制品,2007(6):49-52.

［171］王天贤.预应力(KP-1)砖墙的抗裂、变形、延性与耗能试验研究［J］.西北建筑工程学院学报:自然科学版,2002(1):15-19.

［172］于敬海,朱礼敏,田淑明,等.蒸压加气混凝土砌块住宅结构体系的应用研究［J］.建筑科学,2003,19(2):11-14.

［173］张祥顺,谷倩,彭少民.CFRP 对砖墙抗震加固对比试验研究与计算分析［J］.世界地震工程,2003,19(1):77-82.

［174］王墨耕,王汉东.多层及高层建筑配筋混凝土空心砌块砌体结构设计手册［M］.合肥:安徽科学技术出版社,1997.

［175］李振威,刘伟庆,蓝宗建,等.设置芯柱的混凝土小型空心砌块墙体抗剪性能研究［J］.工程抗震,1999(2):8-11,16.

［176］巴荣光.无筋和配筋砌体抗剪强度的计算［J］.建筑结构学报,1985(6):41-48.

［177］叶列平.混凝土结构(上册)［M］.北京:清华大学出版社,2002.